建筑工程计量与计价实战教程

主　编　马文姝

副主编　齐亚丽　剧秀梅

参　编　鲍春一乐　刘辰雪　彭　阁

北京理工大学出版社

BEIJING INSTITUTE OF TECHNOLOGY PRESS

内 容 提 要

　　本书是校企合作教材，内容设计依据造价员编制造价文件的岗位工作流程，以工程实际案例、图纸、图集为主线，包含清单工程量计算、工程量清单的编制、招标控制价的编制、投标报价的编制等部分，分为三个实战案例，全部采用工程项目实例图纸，进行实战演练，每一案例都附有实战任务书、指导书，并以二维码形式给出详尽、完整的视频讲解和实战成果答案供学生学习、对照。本书模拟真实的工作场景，构建基于工作过程的学习情境，通过项目任务的引领，学生在真实的条件下进行项目训练，强化专业技能培养。

　　本书可作为高等院校土木工程类相关专业的教材，也可作为建筑施工企业、造价咨询机构及广大造价人员的参考资料。

图书在版编目（CIP）数据

建筑工程计量与计价实战教程 / 马文姝主编 . -- 北

京：北京理工大学出版社，2024.3

ISBN 978-7-5763-2795-3

Ⅰ.①建⋯　Ⅱ.①马⋯　Ⅲ.①建筑工程－计量－高等

学校－教材 ②建筑工程－工程造价－高等学校－教材

Ⅳ.① TU723.3

中国国家版本馆 CIP 数据核字（2023）第 161158 号

责任编辑：钟　博		文案编辑：钟　博	
责任校对：周瑞红		责任印制：王美丽	

出版发行 / 北京理工大学出版社有限责任公司

社　　址 / 北京市丰台区四合庄路 6 号

邮　　编 / 100070

电　　话 / （010）68914026（教材售后服务热线）

　　　　　（010）68944437（课件资源服务热线）

网　　址 / http://www.bitpress.com.cn

版 印 次 / 2024 年 3 月第 1 版第 1 次印刷

印　　刷 / 河北鑫彩博图印刷有限公司

开　　本 / 787 mm×1092 mm　1/16

印　　张 / 20.5

字　　数 / 351 千字

定　　价 / 89.00 元（含配套图纸）

本书在内容的编排上依据造价人员编制造价文件的岗位工作流程，以工程实际案例、图纸、图集为主线，从计量到计价再到造价文件的编制，全部采用工程项目实例图纸，注重学生实践动手能力的培养，以项目导向、任务驱动的形式编写。本书将教学内容分解为项目、任务，以任务组织教学，结合建筑工程计量与计价实践性教学的要求，共分为三个实战案例，实战一是一套综合楼图纸（一套二层框架结构，1 000 m² 左右的小楼），适合初学者学习；一套图纸先做清单工程量计算，然后编制工程量清单，再做综合楼的招标控制价。实战二是一套四层框架结构办公楼，按照《建设工程工程量清单计价规范》（GB 50500—2013）和《房屋建筑与装饰工程工程量计算规范》（GB 50854—2013）的要求，先编制清单，再给出投标报价。实战三是框剪结构筏板式基础办公楼，供学生期末综合实训。每一部分都包括实训指导思想、实训目的、实战要求、时间安排、考核方式与评分细则。模拟真实的工作场景，构建基于工作过程的学习情境，通过项目任务的引领，学生在真实的条件下进行项目训练，强化专业技能培养。

本实战教程编制原则如下。

（1）完整性：涵盖全部造价员的岗位工作；

（2）实用性：紧密联系实际和企业需求；

（3）时效性：采用新清单定额标准规范；

（4）针对性：真实的工程案例，必要的分析归纳；

（5）适用性：工程案例的选取由简而繁、难易递进。

本书由吉林工程职业学院马文姝担任主编，由吉林工程职业学院齐亚丽、剧秀梅担任副主编，吉林工程职业学院鲍春一乐、刘辰雪和广联达科技股份有限公司彭阁参与了本书的编写工作；具体分工为：项目一、项目二由齐亚丽编写，项目三和项目四中的任务一、任务二由剧秀梅编写，项目四中的任务三~任务六由刘辰雪编写，项目五、项目六由鲍春一乐编写，三个实战案例部分（项目七～项目九）由马文姝编写，马文姝负责组织编写全书整体统稿工作。本书属于校企合作教材，广联达科技股份有限公司彭阁负责提供实际案例，给出编写指导意见。

由于编者水平有限，书中难免存在不足之处，恳请读者批评指正。

编　者

目录

模块一　实战准备

模块二　实战案例

模块一

实战准备

项目一 工程造价与造价工程师

学习目标

（1）熟悉工程造价的定义；
（2）掌握工程造价计价的特点；
（3）熟悉造价工程师执业资格管理制度。

素质目标

（1）帮助学生树立专业自信、文化自信；
（2）帮助学生树立正确的价值观，成为有责任、有担当的青年一代；
（3）工者崇精，做爱岗敬业的造价人；
（4）具备造价工程师基本素质；
（5）致力于中国式现代化建设。

任务一 工程造价

一、工程造价的定义

（1）从投资者——业主的角度来定义。工程造价是指建设项目固定资产投资费用。投资者选定一个项目后，就要通过项目评估进行决策，然后进行设计招标、工程招标、工程实施，直到竣工验收等一系列投资管理活动。所有这些活动的开支就构成了工程造价。一般包括建筑安装工程费、设备及工器具购置费、工程建设其他费用、预备费、建设期贷款利息及固定资产投资方向调节税。

视频：课程介绍

（2）从市场——承包商的角度来定义。工程造价是指工程价格，即为建成一项工程而形成的建筑安装工程的价格和建设工程总价格，即建筑安装工程费用。这种定义是将工程项目作为一种特殊的商品，以社会主义商品经济和市场经济为前提。以工程这种特定的商品形式作为交换对象，通过招标投标、承包和其他交易方式，在多次预估的基础上，最终由市场形成价格。通常，将工程造价的第二种含义认定为工程承发包价格。

二、工程造价计价

工程造价计价就是计算和确定建设工程项目的工程造价，简称工程计价。具体来说，它是工程造价人员在项目实施的各个阶段，根据各个阶段的不同要求，遵循计价原则和程序，采用科学的计价方法，对投资项目最可能实现的合理价格做出科学的推测和判断，从而确定投资项目的工程造价的经济文件。

三、工程造价计价模式

1. 定额计价模式

定额计价模式是我国长期以来在工程价格形成中采用的计价模式，在计价中以定额为依据，按定额规定的分部分项子目，逐项计算工程量，套用定额单价（或单位估价表）确定直接费，然后按规定取费标准计取费用，最终确定建筑安装工程造价。

2. 工程量清单计价模式

工程量清单计价模式是在建设工程招标投标中，按照国家统一的工程量清单规范，招标人或其委托的有资质的咨询机构编制的反映工程实体消耗和措施消耗的工程量清单，并作为招标文件的一部分提供给投标人，由投标人依据工程量清单，结合企业定额自主报价的计价方式。

四、工程造价计价的特点

建筑产品的庞大性、施工的长期性、产品的固定性、施工的流动性、产品的个别性、施工的复杂性决定了工程计价具有如下特点。

1. 计价的单件性

建设工程产品的个别差异性决定了每项工程都必须单独计算造价。每项建设工程都有其特点、功能和用途，因而导致其结构不同；工程所在地的气象、地质、水文等自然条件不同；建设的地点及社会经济等不同都会直接或间接地影响工程的计价。因此，每个建设工程都必须根据工程的具体情况进行单独计价，任何工程的计价都是指特定空间、一定时间的价格。即使是完全相同的工程，由于建设地点或建设时间不同，仍必须进行单独计价。

2. 计价的多次性

建设工程项目建设周期长、规模大、造价高，这就要求在工程建设的各个阶段多次计价，并对其进行监督和控制，以保证工程造价计算的准确性和控制的有效性。多次性计价的特点决定了工程造价不是固定的、唯一的，而是一个随着工程的进行，逐步深化、细化和接近实际造价的过程。建设工程计价与建设程序各阶段的对应关系见表 1-1。

表 1-1　建筑工程计价与建设程序各阶段的对应关系

序号	建设程序各阶段	建筑工程计价	编制单位
1	决策阶段	投资估算	建设单位
2	设计阶段	设计概算、施工图预算	设计单位
3	建设准备阶段	招标控制价、投标报价	建设单位、施工单位
4	实施阶段	施工预算	施工单位
5	竣工验收阶段	工程结算、竣工决算	建设单位、施工单位

3．计价的组合性

工程造价的计算是逐步组合而成的，一个建设工程项目总造价由各个单项工程造价组成，一个单项工程造价由各个单位工程造价组成，一个单位工程造价按分项工程计算得出，这充分体现了计价组合的特点。可见，计算工程造价，必须先对整个项目进行分解，划分成分项工程项目。分项工程是单项工程组成部分中最基本的构成要素。先分解，后计算分项工程单价，再组合。工程计价的过程和顺序：分部分项工程单价→单位工程造价→单项工程造价→建设工程项目总造价。

工程建设项目分解如图 1-1 所示。

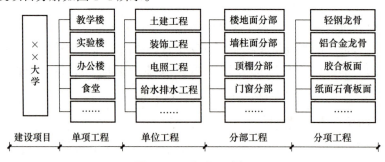

图 1-1　工程项目分解

4．计价方法的多样性

工程造价在各个阶段具有不同的作用，而且各个阶段对建设工程项目的研究深度也有很大的差异，因而工程造价的计价方法具有多样性的特征。不同的阶段采用不同的方法，根据计价要求加以选择。目前，我国工程造价计价方法主要有定额计价和工程量清单计价两种。

5．计价依据的复杂性

由于工程造价的构成复杂、影响因素多且计价方法多种多样，因此计价依据的种类也较多，主要可以分为以下 7 类：

（1）计算设备和工程量的依据，包括项目建议书、可行性研究报告、设计文件等。

（2）计算人工、材料、机械等实物消耗量的依据，包括各种定额。

（3）计算工程单价的依据，包括人工单价、材料单价、机械台班单价等。

（4）计算设备单价的依据。

（5）计算各种费用的依据。

（6）政府规定的税、费依据。

（7）调整工程造价的依据，如文件规定、物价指数、工程造价指数等。

任务二　造价工程师

一、注册造价工程师

造价工程师是通过全国造价工程师执业资格统一考试或者资格认定、资格互认，取得中华人民共和国造价工程师执业资格，并按照《注册造价工程师管理办法》注册，取得中华人民共和国造价工程师注册执业证书和执业印章，从事工程造价活动的专业人员。造价工程师分为一级造价师和二级造价师。全国造价工程师执业资格考试由国家住房和城乡建设部与国家人力资源和社会保障部共同组织，实行全国统一大纲、统一命题、统一组织的办法，考试每年举行一次，原则上只在省会城市设立考点。考试采用滚动管理，共设4个科目，滚动周期为4年。

二、造价工程师执业方向

1. 一级注册造价工程师的工作内容

一级注册造价工程师执业范围包括建设项目全过程的工程造价管理与工程造价咨询等，具体工作内容如下：

（1）项目建议书、可行性研究投资估算与审核，项目评价造价分析；

（2）建设工程设计概算、施工预算编制和审核；

（3）建设工程招标投标文件工程量和造价的编制与审核；

（4）建设工程合同价款、结算价款、竣工决算价款的编制与管理；

（5）建设工程审计、仲裁、诉讼、保险中的造价鉴定，工程造价纠纷调解；

（6）建设工程计价依据、造价指标的编制与管理；

（7）与工程造价管理有关的其他事项。

2. 二级注册造价工程师的工作内容

二级注册造价工程师协助一级注册造价工程师开展相关工作，并可以独立开展以下工作：

（1）建设工程工料分析、计划、组织与成本管理，施工图预算、设计概算编制；

（2）建设工程量清单、最高投标限价、投标报价编制；

（3）建设工程合同价款、结算价款和竣工决算价款的编制。

三、注册造价工程师享有权利

（1）使用注册造价工程师名称；

（2）依法从事工程造价业务；

（3）在本人执业活动中形成的工程造价成果文件上签字并加盖执业印章；

（4）发起设立工程造价咨询企业；

（5）保管和使用本人的注册证书和执业印章；

（6）参加继续教育。

四、注册造价工程师应当履行义务

（1）遵守法律、法规、有关管理规定，恪守职业道德；

（2）保证执业活动成果的质量；

（3）接受继续教育，提高执业水平；

（4）执行工程造价计价标准和计价方法；

（5）与当事人有利害关系的，应当主动回避；

（6）保守在执业中知悉的国家秘密和他人的商业、技术秘密。

五、造价工程师的素质要求

造价工程师的素质应包括以下 4 个方面。

1. 思想品德方面的素质

造价工程师在执业过程中，往往要接触许多工程项目，这些项目的工程造价高达数千万元、数亿元，甚至数百亿元、上千亿元的数额。造价确定是否准确，造价控制是否合理，不仅关系到国力，关系到国民经济发展的速度和规模，而且关系到多方面的经济利益关系。这就要求造价工程师具有良好的思想修养和职业道德，既能维护国家利益，又能以公正的态度维护有关各方合理的经济利益，绝不以权谋私。

2. 文化方面的素质

造价工程师所从事的工作，涉及自然科学和社会科学的诸多知识领域，需要深厚的文化基础。在改革开放的形势下具备相当的外语水平也是十分必要的。

3. 专业方面的素质

专业方面的素养集中表现在以专业知识和技能为基础的工程造价管理方面的实际工作能力。造价工程师应掌握和了解的专业知识如下：

（1）相关的经济理论；

（2）项目投资管理和融资；

（3）建筑经济与企业管理；

（4）财政税收与金融实务；

（5）市场与价格；

（6）招标投标与合同；

（7）工程造价管理；

（8）工作方法与动作研究；

（9）综合工业技术与建筑技术；

（10）建筑制图与识图；

（11）施工技术与施工组织；

（12）相关法律、法规和政策；

（13）计算机应用和信息管理；

（14）现行各类计价依据（定额）。

4. 身体方面的素质

造价工程师要有健康的身体，以适应紧张而繁忙的工作，同时具有肯于钻研和积极进取的精神面貌。

以上各项素质，只是造价工程师的基础工作能力。造价工程师在实际岗位上应能独立完成建设方案、设计方案的经济比较工作，项目可行性研究的投资估算、设计的概算和施工图预算、招标的招标控制价和投标的报价、补充定额和造价指数等编制与管理工作，应能进行合同价结算和竣工决算的管理，以及对造价变动规律和趋势应具有分析和预测能力。

任务三　工者崇精，做爱岗敬业的造价人

造价工程师，是一个具有工程造价、工程技术、工程管理、财务、法律等专业知识的复合型人才。

那么，在实际工作中，工程造价师可以做哪些具体的工作？你对自己的职业规划是什么？学校学的知识和实际工作中差距有多大？造价专业的我们要不要下工地积累施工经验？怎样才能在职场做得更好？我们要先回答下面这几个问题！

我有什么能力？我能做什么？我想要做什么工作？

一、造价人员要做的工作

1. 投资估算

投资估算是在项目建议书或可行性研究阶段，建设单位向国家或主管部门申请基本建设投资时，为了确定建设项目的投资总额而编制的经济文件。

投资估算主要根据估算指标、概算指标或类似工程预（决）算资料进行编制。

2. 设计概算

设计概算应按建设项目的建设规模、隶属关系和审批程序报请审批。总概算按规定的程序经有权机关批准后，就成为该建设项目总投资的最高限额，不得任意突破。在方案设计过程中，设计部门通过概算分析比较不同方案的经济效果，选择、确定最佳方案，因此，设计单位应对投资进行具体核算，对初步设计的概算进行修正并形成经济文件。

设计概算的主要作用是控制工程投资和主要物资指标。

3. 施工图预算

施工图预算是指在施工图设计阶段，设计全部完成并经过会审，在开工之前，施工单位根据施工图纸、施工组织设计、预算定额、各项费用取费标准，建设地区自然、技术、经济条件等资料，预先计算和确定单项工程及单位工程全部建设费用的经济文件。

施工图预算主要作用是确定建筑安装工程预算造价和主要物资需用量。在工程设计过程中，设计部门据此控制施工图造价不使其突破概算。施工图预算一经审定便是签订工程建设合同、业主和承包商经济核算、编制施工计划和银行拨款等的依据。

4. 招标控制价

招标控制价是在工程采用招标发包的过程中，由招标人根据国家或省级、行业建设主管部门颁发的有关计价依据和办法，按设计施工图纸计算的工程造价。

招标控制价作为招标人对工程发包的最高限价，有的省、市又称拦标价、预算控制价、最高报价值。

5. 投标报价

投标报价是在工程采用招标发包的过程中，由投标人按照招标文件的要求，根据工程特点，并结合自身的施工技术、装备和管理水平，依据有关计价规定，自主确定的工程造价，是投标人希望达成工程承包交易的价格，原则上它不能高于招标人设定的招标控制价。

6. 合同价款约定

合同价款约定是在工程发、承包交易完成后，由发包、承包双方以合同形式确定的工程承包交易价格。采用招标发包的工程，其合同价应为投标人的中标价，也即投标人的投标报价。

按照规定，实行招标的工程合同价款，应在中标通知书发出之日起 30 天内，由发、承包双方依据招标文件和中标人的投标文件在书面合同中约定。

7. 变更签证与索赔

现场签证是指发包人现场代表与承包人现场代表就施工过程中涉及的责任事件所作的签认证明。

索赔是指在合同履行过程中，对于非己方的过错而应由对方承担责任的情况造成的损失，向对方提出补偿的要求。

索赔要具备三要素：正当的索赔理由；有效的索赔证据；在合同约定的时间内提出。确认的索赔和现场签证费用与工程进度款应同期支付。

8. 工程结算

工程结算即工程量的计量与价款支付，是指一个单项工程、单位工程、分部工程或分项工程完工，并经建设单位及有关部门验收或验收点交后，施工企业根据合同规定，按照施工时经发、承包双方认可的实际完成工程量、现场情况记录、设计变更通知书、现场签证、预算定额、材料预算价格和各种费用取费标准等资料，向建设单位办理结算工程价款、取得收入、用以补偿施工过程中的资金耗费、确定施工盈亏的经济活动。

9. 竣工决算

竣工决算是指在竣工验收阶段，当一个建设项目完工并经验收后，建设单位编制的从筹建到竣工验收、交付使用全过程实际支出的建设费用的经济文件。

竣工决算能全面反映基本建设的经济效果，是核定新增固定资产和流动资产价值、办理交付使用的依据。

二、造价人员的工作部门

造价人员的工作部门及工作内容如图 1-2 所示。

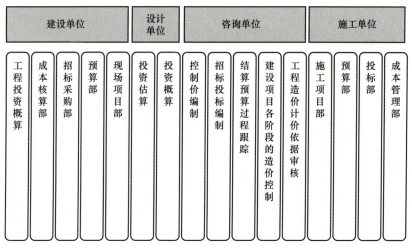

图 1-2　造价人员的工作部门及工作内容

三、造价人的行为准则

"弘扬和践行工匠精神"应成为造价人的共同理念和行为准则。"中国经济已由高速增长阶段转向高质量发展阶段"。在这样一个背景下，造价行业必须科学把握高质量发展的内涵，充分认识推进高质量发展的重要性，进一步增强推进行业高质量发展的紧迫感、责任感和使命感。

"弘扬和践行工匠精神"应当成为我们社会所有劳动者的共同理念和行为准则，产品追求高质量，服务追求高品质，在全社会营造一种崇尚专业、精益求精的浓厚氛围，营造一种务实创新、追求一流的浓厚氛围，让"工匠精神"成为推动造价行业高质量发展的引擎。

我们要有责任、有担当，严谨、务实，具有高尚的道德情操，恪守职业道德，做爱岗敬业的造价人。

> **小贴士**
>
> ### "造价表的干净就是工程的干净"
>
> 我想遥望深邃的星空，我想发表干净的意见。我执业，我存在。
>
> ——一位注册造价师的职业感悟
>
> 诚实守信是中华民族的美德，也是造价人应有的基本操守。
>
> 党的二十大报告提出"弘扬诚信文化，健全诚信建设长效机制"，《管子》有云："诚信者，天下之结也。"讲诚信，是天下行为准则的关键。诚信已被历史作为一项高尚的德行，作为薪火相传的文明，作为支撑社会秩序的道德支点，根植于一代又一代中国人的心中，融化在社会肌体的血脉里，从古至今，生生不息。

项目二　施工图纸识读

学习目标

（1）了解施工图纸的组成；
（2）掌握建筑施工图的识读；
（3）掌握结构施工图的识读；
（4）正确识读施工图纸。

素质目标

　　将良好的职业道德和职业素养，爱岗敬业、精益求精的工匠精神融入专业课程教学，培养学生细致、严谨、认真的工作态度。

任务一　了解图纸

一、任务说明

（1）了解建筑工程设计的内容；
（2）知道建筑工程施工图的种类；
（3）明确建筑工程识图的方法和步骤。

二、任务分析

（一）建筑工程设计内容

　　建筑设计一般分为民用建筑设计与工业建筑设计两大类。无论哪种设计，都要经过设计，与施工两个过程。一栋房屋的设计是由建筑、结构、给水排水、采暖通风、电气照明等设计组成的。在设计过程中，一般由建筑专业人员担任设计总负责人，负责建筑方案设计并协调各工种之间的设计工作。

在设计过程中，为研究设计方案和审批用的图称为方案设计图；指导施工用的图称为施工图；已经建成的房屋图称为竣工图。

（二）建筑工程施工图的种类

施工图根据不同的专业内容可分为以下几种。

1．建筑施工图（简称建施）

建施主要表示房屋的总体布局、内外形状、大小、构造等。其形式有总平面图、平面图、立面图、剖面图、详图等。

2．结构施工图（简称结施）

结施主要表示房屋的承重构件的布置、构件的形状、大小、材料、构造等。其形式有基础平面图、基础详图、结构平面图、构件详图等。

3．设备施工图

设备施工图有给水排水、采暖通风、电气设备等各种施工图。

（1）给水排水施工图。给水排水施工图主要有用水设备、给水管和排水管的平面布置图及上下水管的透视图和施工详图等。

（2）采暖通风施工图（简称暖施）。采暖通风施工图主要有调节室内空气温度用的设备与管道平面布置图、系统图和施工详图等。

（3）电气设备施工图（简称电施）。电气设备施工图主要有室内电气设备、线路用的平面布置图、系统图和施工详图等。

（三）建筑工程识图的方法和步骤

建筑工程识图的方法和步骤如下。

1．厘清顺序

拿到一份图纸后，先看什么图，后看什么图，应该有主有次，只有循序渐进，才能理解设计意图，看懂设计图纸，也就是说一般应做到"先看说明后看图；顺序最好为平、立、剖；查对节点和大样；建筑结构对照读"，这样才能起到事半功倍的效果。

2．记住尺寸

建筑工程虽然各式各样，但都是通过各部分尺寸的改变而获得各种不同的造型和效果。"没有规矩，不成方圆"，图上如果没有长、宽、高、直径等具体尺寸，施工人员就没办法按图施工。对建筑物的一些主要尺寸，主要构配件的规格、型号、位置、数量等，必须牢牢记住。这样可以加深对设计图纸的理解，减少或避免错误。

3．弄清关系

看图时必须弄清每张图纸之间的相互关系。因为一张图纸无法详细表达一项工程各部位的具体尺寸、做法和要求。必须用很多张图纸，从不同的方面表达某一个部位的做法和要求，这些不同部位的做法和要求，就是一个完整的建筑物的全貌。所以在一份施工图纸的各张图纸之间，都有着密切的联系。

图纸之间的主要关系：轴线是基准，编号要相互吻合；标高要交圈，高低要相等；剖面看位置，详图详索引；如用标准图，引出线标明；要求和做法，快把说明拿；土建和安装，对清洞、沟、槽；材料和标准，有关图中查；建筑和结构，前后要对照。

所以弄清各张图纸之间的关系，是看图的重要环节，也是发现问题、减少或避免差错的基本措施。

4. 了解特点

在熟悉每一份施工图纸时，必须了解该项工程的特点和要求，包括以下几方面：

（1）地基基础的处理方案和要求达到的技术标准；

（2）对特殊部位的处理要求；

（3）对材料的质量标准或对特殊材料的技术要求；

（4）需注意或容易出问题的部位；

（5）新工艺、新结构、新材料等的特殊施工工艺；

（6）设计中提出的一些技术指标和特殊要求；

（7）在结构上的关键部位的技术要求；

（8）室内外装修的要求和材料。

只有了解一个工程项目的特点，才能更好地全面理解设计图纸，保证工程的特殊需要。

5. 图表对照

一份完整的施工图纸除了包括各种图纸外，还包括各种表格，这些表格具体归纳了各分项工程的做法、尺寸、规格、型号，是施工图纸的组成部分。在施工图纸中常见的表格如下：

（1）室内外做法表，主要说明室内外各部分的具体做法，如室外勒脚怎样做，某房间的地面怎样做等。

（2）门、窗表，表明一幢建筑全部所需的门、窗型号，高宽尺寸（或洞口尺寸），以及各种型号门、窗的需用数量。

（3）构件表，根据工程所需的梁、柱、板的编号、名称，列出各类构件的规格、尺寸、型号、需要数量。

（4）钢筋表，在各种钢筋混凝土梁、柱、板、基础等结构中，所需钢筋的品种、直径、规格、尺寸、形状、根数和质量。

在看施工图时，最好先将自己看图时理解到的各种数据，与有关表中的数据进行核对。如完全一致，证明图纸及理解均无错误；如发现型号不对、规格不符、数量不等，应再次认真核对，进一步加深理解，提高对设计图纸的认识，同时也能及时发现图、表中的错误。

6. 三个结合

一个工程项目是完整的总体，各专业图纸之间是互相呼应、相辅相成的，因此，在看土建图时要注意做到三个结合：

（1）建筑与结构结合。即在看建筑图时，必须与结构图互相对照查看。

（2）室内与室外结合。在看单位工程施工图时，必须相应地看总平面图，了解本工程在建筑区域内的具体位置、方向、环境及绝对高程；同时要了解室外各种管线布置情况，以及对本工程在施工中的影响，了解现场的防洪排水问题应如何处理等。

（3）土建与安装结合。在看土建图时，必须结合查看本工程的安装图，一定要做到：预留洞、预留槽，弄清位置和大小，施工当中要留好；预埋件、预埋管，规格数量核对好，及时安上别忘掉。要求在看土建图时，一定要注意各种管、沟的进口、位置、大小、标高与安装图是否交圈；设备预留洞口要多大，留在什么部位，哪些地方要预埋铁件或预埋管等。

7. 掌握技巧

（1）随看随记：看图时，应随手记下主要部位的做法和尺寸，记下需要解决的问题，并逐张看，逐张记，逐个解决疑难问题，以加深印象。

（2）先粗后细：先将全部图纸粗看一遍，大体形成一个整体概念，然后逐张细看2～3遍。细看时，主要是了解详细的做法，逐个解决粗看中提出的一些疑问，从而加深理解和记忆。

（3）反复对照、找出规律：对图纸大体看过一遍后，再将有关图纸摆在一起，反复对照，找出内在的规律和联系，从而巩固对图纸的理解。

（4）图上标注，加强记忆：为了看图方便，加深记忆，可把某些图纸上的尺寸、说明、型号等标注到常用图纸上，如标注到平面图上等。这样可以加深记忆，有利于发现问题。

任务二　建筑施工图识读

一、任务说明

（1）了解建筑施工图的组成；
（2）掌握建筑施工图的识读方法。

二、任务分析

（一）建筑施工图的组成

建筑施工图主要由建筑设计总说明、建筑总平面图、建筑平面图、建筑立面图、建筑剖面图及建筑详图组成。下面分别予以简要说明。

1. 建筑设计总说明

建筑设计总说明主要用来对图上未能详细标注的地方注写具体的作业文字说明。内容有设计依据、一般说明、工程做法等，详见实例中的建筑设计总说明。

2. 建筑总平面图

建筑总平面图主要表示新建建筑物的实体位置，它和周围其他构筑物之间的关系。图中要求标出朝向、标高、原有建筑物、绿化带、原有道路、风玫瑰等，详见实例中的建筑总平面图。

3. 建筑平面图

（1）形式。用一个水平切面沿房屋窗台以上位置通过门窗洞口处假想地将房屋切开，移开剖切平面以上的部分，绘出剩留部分的水平剖面图，即水平剖面图。

（2）图示内容。建筑平面图中应标明：承重墙、柱的尺寸及定位轴线，房间的布局及其名称，室内外不同地标高，门窗图例及编号，图的名称和比例等。最后还应详尽地标出该建筑物各部分长和宽的尺寸，详见实例中的建筑平面图。

（3）有关规定及习惯画法。

1）比例：常用比例有 1 ： 50、1 ： 100、1 ： 200；必要时也可用 1 ： 150、1 ： 300。

2）图线：剖切的主要建筑构造（如墙）的轮廓线用粗实线，其他图线可均用细实线。

3）定位轴线与编号：承重的柱或墙体均应画出它们的轴线，称定位轴线。轴线一般从柱或墙宽的中心引出。定位轴线采用细点画线表示。

4）门窗图例及编号：建筑平面图均以图例表示，并在图例旁注上相应的代号及编号。门的代号为"M"；窗的代号为"C"。同一类型的门或窗，编号应相同，如 M-1、M-2、C-1、C-2 等。最后将所有的门、窗列成"门窗表"，门窗表内容有门窗规格、材料、代号、统计数量等。

5）尺寸的标注与标高：建筑平面图中一般应在图形的四周沿横向、竖向分别标注互相平行的三道尺寸。

第一道尺寸，门窗定位尺寸及门窗洞口尺寸，与建筑物外形距离较近的一道尺寸，以定位轴为基准标注出墙垛的分段尺寸。

第二道尺寸，轴线尺寸，标注轴线之间的距离（开间或进深尺寸）。

第三道尺寸，外包尺寸，即总长和宽度。

除三道尺寸外还有台阶、花池、散水等尺寸，房间的净长和净宽、地面标高、内墙上门窗洞口的大小及其定位尺寸等。

6）文字与索引：图样中无法用图形详细表达时，可在该处用文字说明或画详图来表示。

4. 建筑立面图

（1）形式。把房屋的立面用水平投影方法画出的图形称为建筑立面图。有定位轴线的建筑物，其立面图应根据定位轴线编排立面图名称。

（2）图示内容。建筑立面图是用来表示房屋外形外貌的，图样应表明它的形状大小、门窗类型、表面的建筑材料与装饰做法等。

（3）有关规定及习惯画法。

1）比例：常用 1 ： 100、1 ： 200、1 ： 50。

2）图线：建筑立面图要求有整体效果，富有立体感，图线要求有层次。一般表现：外包轮廓线用粗实线；主要轮廓线用中粗线；细部图形轮廓线用细实线；房屋下方的室外地面线用 $1.4b$ 的粗实线。

3）标高：建筑立面图的标高是相对标高。应在室外地面、入口处地面、勒脚、窗台、门窗洞顶、檐口等注标高。标高符号应大小一致、排列整齐、数字清晰。

4）建筑材料与做法：图形上除用材料图例表示外，还可以利用文字进行较详细的说明或索引通用图的做法。

5. 建筑剖面图

（1）形式。用剖切平面在建筑平面图的横向或纵向沿房屋的主要入口、窗洞口、楼梯等位置上将房屋假设垂直地剖开，然后移去不需要的部分，将剩余的部分按某一水平方向进行投影绘制成的图样，称为建筑剖面图。

（2）图示方法与内容。

1）建筑底层平面图中，需要剖切的位置上应标注出剖切符号及编号；绘出的剖面图下方写上相应的剖面编号名称及比例。

建筑剖面图主要用来表达房屋内部空间的高度关系。详细构造关系的具体应用法规应以较大的比例绘制成建筑详图，如建筑规模不大、构造不复杂，建筑剖面图也可用较大的比例（如≥1：50）绘出较详细的构造关系图样。这样的图样称为构造剖面图。

2）标高：凡是剖面图上不同的高度（如各层楼面、顶棚、层面、楼梯休息平台、地下室地面等）都应标注相对标高。在构造剖面图中，一些主要构件还必须标注其结构标高。

3）尺寸标注：主要标注高度尺寸，分内部高度尺寸与外部高度尺寸。

外部高度尺寸一般注三道：

第一道尺寸，接近图形的一道尺寸，以层高为基准标注窗台、窗洞顶（或门）以及门窗洞口的高度尺寸；

第二道尺寸，标注两楼层间的高度尺寸（层高）；

第三道尺寸，标注总高度尺寸。

6. 建筑详图

建筑详图是将房屋构造的局部用较大的比例画出大样图。详图常用的比例有1：5、1：10、1：20、1：50。详图的内容有构造做法、尺寸、构配件的相互位置及建筑材料等。它是补充建筑平、立、剖面图的辅助图样，是建筑施工中的重要依据之一。

为了表明详图绘制的部分所在平立面的图号和位置，常用索引符号、详图符号把它们联系起来。

（二）建筑施工图的识图方法

首先要了解建筑施工的制图方法及有关的标准，看图时应按一定的顺序进行。建筑施工图的图纸一般较多，应该先看整体，再看局部；先宏观看图，再微观看。具体步骤如下。

1. 初步识读建筑整体概况

（1）看工程的名称、设计总说明：了解建筑物的大小、工程造价、建筑物的类型。

（2）看总平面图：看总平面图可以知道拟建建筑物的具体位置，以及与四周的关系。具体的有周围的地形、道路、绿地率、建筑密度、日照间距或退缩间距等。

（3）看立面图：初步了解建筑物的高度、层数及外装饰等。

（4）看平面图：初步了解各层的平面图布置、房间布置等。

（5）看剖面图：初步了解建筑物各层的层高、室内外高差等。

2. 进一步识读建筑图详细情况

（1）识读底层平面图。识读底层平面图，可以知道轴线之间的尺寸、房间墙壁尺寸、门窗的位置等；知道各空间的功能，如房间的用途、楼梯间、电梯间、走道、门厅入口等。

（2）识读标准层平面图。识读标准层平面图，可以看出本层和上下层之间是否有变化，具体内容和底层平面图相似。

（3）识读屋顶平面图。识读屋顶平面图，可以看出屋顶的做法。如屋顶的保温材料、防火做法等。

（4）识读剖面图。识读剖面图，首先要知道剖切位置。剖面图的剖切位置一般是房间布局比较复杂的地方，如门厅、楼梯等，可以看出各层的层高、总高、室内外高差以及了解空间关系。

（5）识读立面图。识读立面图，可以了解建筑的外形，外墙装饰（如所用材料，色彩），门窗、阳台、台阶、檐口等形状；了解建筑物的总高度和各部位的标高。

3. 深入掌握具体做法

对施工图识读以后，还需要对建筑图上的具体做法进行深入掌握，如卫生间详细分隔做法、装修做法、门厅的详细装修、细部构造等。

任务三　结构施工图识读

一、任务说明

（1）了解结构施工图的组成；
（2）正确识读结构施工图。

二、任务分析

（一）结构施工图概述

1. 房屋结构与结构构件

房屋建筑无论是何种类型，都是由各种不同用途的建筑配件和结构构件组成的。结构构件起着"骨架"的作用，在整个房屋建筑中起着保证房屋安全、可靠的作用。这个"骨架"就被称为"房屋的结构"。

2. 建筑上常用结构形式

（1）按结构受力形式划分。常见的有墙柱与梁板承重结构、框架结构、桁架结构等结构形式。

（2）按建筑的材料划分。常见的有砖墙钢筋混凝土梁板结构（又称混合结构）、钢筋混凝土结构、钢结构等其他建筑材料结构等。

（二）房屋结构施工图的作用

建筑结构施工图是指经过结构选型、内力计算、建筑材料选用，最后绘制出来的施工图。其内容包括房屋结构的类型、结构构件的布置，如各种构件的代号、位置、数量、施工要求及各种构件尺寸大小、材料规格等。

建筑结构施工图是用来指导施工用的，如放灰线、开挖基槽、模板放样、钢筋骨架绑扎、浇灌混凝土等，同时也是编制建筑预算、编制施工组织进度计划的主要依据，是不可缺少的施工图纸。

（三）结构施工图的组成

1. 结构设计说明书

结构设计说明书一般以文字辅以图表来说明结构、内容的主要依据（如功能要求、荷载情况、水文地质资料、地震烈度等）、结构的类型、建筑材料的规格形式、局部做法、标准图和地区通用图的选用情况、对施工的要求等。

2. 结构构件平面布置图

结构构件平面布置图通常包含以下内容：

（1）基础平面布置图（含基础截面详图），主要表示基础位置、轴线的距离、基础类型。

（2）楼层结构构件平面布置图，主要表示楼板的布置、楼板的厚度、梁的位置、梁的跨度等。

（3）屋面结构构件平面布置图，主要表示屋面楼板的位置、屋面楼板的厚度等。

3. 结构构件详图

（1）基础详图，主要表示基础的具体做法。条形基础一般取平面处的剖面来说明，独立基础则给一个基础大样图。

（2）梁类、板类、柱类等构件详图（包括预制构件、现浇结构构件等）；

（3）楼梯结构详图；

（4）屋架结构详图（包括钢屋架、木屋架、钢筋混凝土屋架）；

（5）其他结构构件详图（如支撑等）。

4. 结构施工图注明结构的名称的代号

构件的代号，一般用该构件名称的汉语拼音第一个字母的大写表示。预应力混凝土构件代号，应在前面加 Y，如 YKB 表示预应力空心板，见表 2-1。

表 2-1　常用结构构件的代号

序号	名称	代号	序号	名称	代号	序号	名称	代号
1	板	B	15	吊车梁	DL	29	基础	J
2	屋面板	WB	16	圈梁	QL	30	设备基础	SJ
3	空心板	KB	17	过梁	GL	31	桩	ZH
4	槽形板	CB	18	连系梁	LL	32	柱间支撑	ZC
5	折板	ZB	19	基础梁	JL	33	垂直支撑	CC
6	密肋板	MB	20	楼梯梁	TL	34	水平支撑	SC
7	楼梯板	TB	21	檩条	LT	35	梯	T
8	盖板或沟盖板	GB	22	托架	TJ	36	雨篷	YP
9	挡雨板或檐口板	YB	23	天窗架	CJ	37	阳台	YT
10	吊车安全走道板	DB	24	框架	KJ	38	梁垫	LD
11	墙板	QB	25	钢架	GJ	39	预埋件	M
12	天沟板	TGB	26	支架	ZJ	40	天窗端壁	TD
13	梁	L	27	屋架	WJ	41	钢筋网	W
14	屋面梁	WL	28	柱	Z	42	钢筋骨架	G

（四）钢筋混凝土构件的概念

1. 钢筋混凝土的成分

钢筋混凝土由水泥、砂子、石子和水四种材料搅制而成。

混凝土的抗压强度较高，抗拉强度极低；碳素钢材抗拉及抗压强度极高。把钢材与混凝土结合在一起，使钢材承受压力，这样形成的建筑材料就叫作钢筋混凝土。

钢筋混凝土构件的生产方法有两种：

（1）预制构件：在工厂或现场先预制好，在现场吊装。

（2）现浇构件：现场支模板，放入钢筋骨架，浇灌混凝土并把它振捣密实，养护拆卸模板。

2. 钢筋

（1）钢筋的作用。

1）受力钢筋：主要在构件中承受拉力或是承受压力的钢筋。

2）箍筋：箍筋是把受力钢筋箍在一起，起到骨架的作用，有时也承受外力所产生的应力。箍筋按构造要求配置。

3）架立钢筋：架立钢筋是用来固定箍筋间距的，使钢筋骨架更加牢固。

4）分布钢筋：分布钢筋主要用于板内，与板中的受力钢筋垂直放置，主要用来固定板内受力钢筋位置。

（2）钢筋分类。钢筋是按种类划分的，每类钢筋又有不同直径的规格。

（3）钢筋的图示方法。在结构施工图中，钢筋用粗实线画；构件的外形轮廓线用实线画。钢筋的截面则使用一粗圆点表示。

（五）结构施工图的识读方法

结构施工图的识读首先应了解结构施工图的基本画法、内容、构造做法、相关图集和规范。识图时一般按照图纸编号相互对照地识读。

1. 看图纸说明

从图纸说明上可以看出结构类型、结构构件使用的材料和细部做法等。如基础垫层为C10混凝土，现浇梁、板、柱为C20混凝土等。

2. 看基础平面图

基础施工图上可以看出基础类型，如砖带形基础、混凝土基础、混凝土板式基础等。

从基础平面图上可以看出轴线的编号、位置、间距等。

从基础详图上可以看出基础的具体做法。如砖带形基础底部标高、垫层的宽度和厚度、砖基础的放脚步数等。

3. 看结构平面图

看结构平面图可以了解墙、柱、梁之间的距离和轴线编号；可以从结构平面图上得知现浇板厚度、钢筋布置等。

看结构图时应和建筑图对照着看，承重墙壁在结构图上面，非承重墙壁则在建筑图上面。建筑与结构图尺寸不同时，应以结构图为准。

4. 看结构详图

结构详图，有的在施工图上画出，有的则在标准图集上或规范上，都要详细看，按照设计和施工规范要求进行施工。

如双向板的底筋，短向筋放在底层，长向筋应在短向筋之上。结构平面图中板负筋长度是指梁（板）边至钢筋端部的长度，钢筋下料时应加上梁（墙）的宽度。

任务四　平法识图详解

一、任务说明

（1）掌握平法识读规则；
（2）正确识读平法图纸。

二、任务分析

建筑结构施工图平面整体设计方法（平法），对我国传统混凝土结构施工图的设计表示方法做了重大改革，既简化了施工图，又统一了表示方法，以确保设计与施工质量。

（一）什么叫平法

平法即把结构构件的尺寸和配筋等，按照平面整体表示方法的制图规则，整体、直接地表示在各类构件的结构布置平面图上，再与标准构造详图配合，结合成一套新型完整的结构设计表示方法。改变了传统的那种将构件（柱、剪力墙、梁）从结构平面设计图中索引出来，再逐个绘制模板详图和配筋详图的烦琐办法。

平法适用的结构构件为柱、剪力墙和梁三种。内容包括两大部分，即平面整体表示图和标准构造详图。

在平面布置图上表示各种构件尺寸和配筋方式。表示方法分为平面注写方式、列表注写方式和截面注写方式三种。

（二）框架柱的制图规则

柱平法施工图是在结构柱平面布置图上，采用列表注写方式或截面注写方式对柱的信息进行表达。

1. 柱的编号规定

在柱平法施工图中，各种柱均按照表 2-2 的规定编号，同时，对应的标准构造详图中也标注了编号中的相同代号。柱编号不仅可以区别不同的柱，还将作为信息纽带在柱平法施工图与相应标准构造详图之间建立起明确的联系，使在平法施工图中表达的设计内容与相应的标准构造详图合并，构成完整的柱结构设计。

表 2-2　柱编号

柱类型	代号	序号	特征
框架柱	KZ	××	柱根部嵌固在基础或地下结构上，并与框架梁刚性连接构成框架
转换柱	ZHZ	××	因建筑功能的要求，下部大空间，上部部分竖向构件不能直接连接贯通地面，通过水平转换结构与下部竖向构件相连，两种受力体系之间的转换部位的柱子
芯柱	XZ	××	设置在框架柱、转换柱、剪力墙柱核心部位的暗柱

2. 列表注写方式

列表注写方式，系在柱平面布置图上（一般只需要采用适当比例绘制一张柱平面布置图），分别在同一编号的柱中选择一个（有时需要选择几个）截面标注几何参数代号；在柱表中注写柱号、柱段起止标高、几何尺寸（含柱截面对轴线的偏心情况）与配筋的具体数值，并配以各种柱截面形状及其箍筋类型的方式，来表达柱平法施工图（图 2-1）。

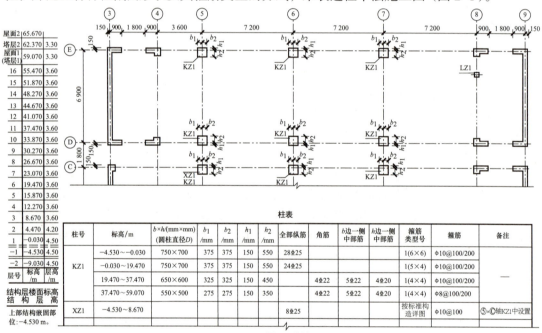

柱表

柱号	标高/m	$b×h$(mm×mm)（圆柱直径D）	b_1/mm	b_2/mm	h_1/mm	h_2/mm	全部纵筋	角筋	b边一侧中部筋	h边一侧中部筋	箍筋类型号	箍筋	备注
KZ1	-4.530~-0.030	750×700	375	375	150	550	28⸋25				1(6×6)	Φ10@100/200	
	-0.030~19.470	750×700	375	375	150	550	24⸋25				1(5×4)	Φ10@100/200	
	19.470~37.470	650×600	325	325	150	450		4⸋22	5⸋22	4⸋20	1(4×4)	Φ10@100/200	—
	37.470~59.070	550×500	275	275	150	350		4⸋22	5⸋22	4⸋20	1(4×4)	Φ8@100/200	
XZ1	-4.530~8.670						8⸋25				按标准构造详图	Φ10@100	⑤×Ⓒ轴KZ1中设置

-4.530~59.070柱平法施工图（局部）

注：1. 如采用非对称配筋，需在柱表中增加相应栏目分别表示各边的中部筋；
　　2. 箍筋对纵筋至少隔一拉一；
　　3. 本页示例表示地下一层（-1层）、首层（1层）柱端箍筋加密区长度范围及纵筋连接位置均按嵌固部位要求设置；
　　4. 层高表中，竖向粗线表示本页柱的起止标高为-4.530~59.070 m，所在层为-1~16层。

图 2-1　柱平法施工图列表注写法与柱表

3. 柱表注写内容

（1）注写柱编号，柱编号由类型代号和序号组成，应符合柱编号规定。

（2）注写各段柱的起止标高，自柱根部往上以变截面位置或截面未变但配筋改变处为界分段注写。框架柱和框支柱的根部标高是指基础顶面标高。芯柱的根部标高是指根据结构实际需要而定的起始位置标高。梁上柱的根部标高是指梁顶面标高。剪力墙上柱的根部标高分两种：当柱纵筋锚固在墙顶部时，其根部标高为墙顶面标高；当柱与剪力墙重叠一层时，其根部标高为墙顶面往下一层的结构楼层面标高。

（3）对于矩形柱，注写柱截面尺寸 $b \times h$ 及与轴线关系的几何参数代号 b_1、b_2 和 h_1、h_2 的具体数值，须对应于各段柱分别注写。

对于圆柱，表中 $b \times h$ 一栏改用在圆柱直径数字前加 d 表示。

（4）注写柱纵筋。当柱纵筋直径相同，各边根数也相同时（包括矩形柱、圆柱和芯柱），将纵筋注写在"全部纵筋"一栏中；除此之外，柱纵筋分角筋、截面 b 边中部筋和 h 边中部筋三项分别注写。

（5）注写箍筋类型编号及箍筋肢数，在箍筋类型栏内注写并绘制柱截面形状及其箍筋类型编号。

（6）注写柱箍筋，包括钢筋级别、直径与间距。

当为抗震设计时，用斜线"/"区分柱端箍筋加密区与柱身非加密区长度范围内箍筋的不同间距。

例：Φ10@100/250，表示箍筋为 HPB300 级钢筋，直径为 10 mm，加密区间距为 100 mm，非加密区间距为 250 mm。

当箍筋沿柱全高为一种时，则不使用"/"线。

例：Φ10@100，表示箍筋为 HPB300 级钢筋，直径为 10 mm，间距为 100 mm，沿柱全高加密。

当圆柱采用螺旋箍筋时，需在箍筋前加"L"。

例：LΦ10@100/200，表示采用螺旋箍筋，HPB300 级钢筋，直径为 10 mm，加密区间距为 100 mm，非加密区间距为 200 mm。

4. 截面注写方式

截面注写方式，系在柱平面布置图上，分别在不同编号的柱中各选一截面，在其原位上以一定比例放大绘制柱截面配筋图，注写柱编号、截面尺寸 $b \times h$、角筋或全部纵筋、箍筋的级别、直径及加密区与非加密区的间距。同时，在柱截面配筋图上尚应标注柱截面与轴线关系，如图 2-2、图 2-3 所示。

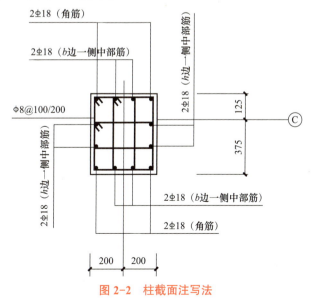

图 2-2　柱截面注写法

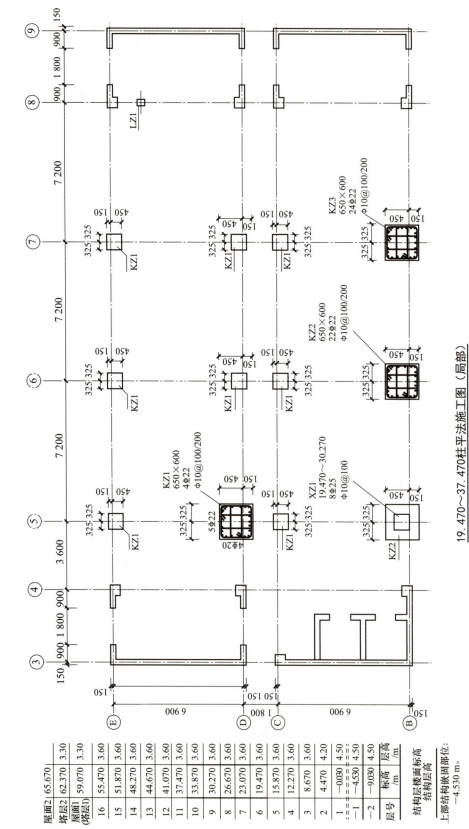

19.470～37.470柱平法施工图（局部）

图 2-3　柱平法施工图截面注写法

层号	标高/m	层高/m
屋面2	65.670	3.30
塔层2	62.370	3.30
屋面1（塔层1）	59.070	3.60
16	55.470	3.60
15	51.870	3.60
14	48.270	3.60
13	44.670	3.60
12	41.070	3.60
11	37.470	3.60
10	33.870	3.60
9	30.270	3.60
8	26.670	3.60
7	23.070	3.60
6	19.470	3.60
5	15.870	3.60
4	12.270	3.60
3	8.670	3.60
2	4.470	4.20
1	−0.030	4.50
−1	−4.530	4.50
−2	−9.030	4.50
层号	标高/m	层高/m

结构层楼面标高
结构层高

上部结构嵌固部位：
−4.530 m。

（三）剪力墙的制图规则

剪力墙平法施工图是在结构剪力墙平面布置图上，采用列表注写方式或截面注写方式对剪力墙的信息进行表达。

剪力墙分为剪力墙柱、剪力墙身、剪力墙梁。

应当注意，归入剪力墙柱的端柱、暗柱等并不是普通概念的柱，因为这些墙柱不可能脱离整片剪力墙独立存在，也不可能独立变形。我们称其为墙柱，是因为其配筋都是由竖向纵筋和水平箍筋构成，绑扎方式与柱相同，但与柱不同的是墙柱同时与墙身混凝土和钢筋完整地结合在一起，因此，墙柱实质上是剪力墙边缘的集中配筋加强部位。同理，归入剪力墙梁的暗梁、边框梁等也不是普通概念的梁，因为这些墙梁不可能脱离整片剪力墙独立存在，也不可能像普通概念的梁一样独立受弯变形，事实上暗梁、边框梁根本不属于受弯构件。我们称其为墙梁，是因为其配筋都是由纵向钢筋和横向箍筋构成，绑扎方式与梁基本相同，同时又与墙身的混凝土与钢筋完整地结合在一起，因此，暗梁、边框梁实质上是剪力墙在楼层位置的水平加强带。另外，归入剪力墙梁中的连梁虽然属于水平构件，但其主要功能是将两片剪力墙连接在一起，当抵抗地震作用时使两片连接在一起的剪力墙协调工作。连梁的形状与深梁基本相同，但受力原理有较大区别。

1. 剪力墙的编号规定

在平法剪力墙施工图中，剪力墙柱编号见表2-3、剪力墙身编号见表2-4、剪力墙梁编号见表2-5。

表2-3　墙柱编号

墙柱类型	代号	序号
约束边缘构件	YBZ	××
构造边缘构件	GBZ	××
非边缘暗柱	AZ	××
扶壁柱	FBZ	××

表2-4　墙身编号

墙身编号	代号	序号
剪力墙身	Q	××

表2-5　墙梁编号

墙柱类型	代号	序号
连梁	LL	××
连梁（跨高比不小于5）	LLk	××
连梁（对角暗撑配筋）	LL（JC）	××
连梁（对角斜筋配筋）	LL（JX）	××
连梁（集中对角斜筋配筋）	LL（DX）	××
暗梁	AL	××
边框梁	BKL	××

2. 剪力墙平面表达形式

剪力墙平法施工图的表达方式有列表注写方式和截面注写方式两种。

截面注写方式与列表注写方式均适用于各种结构类型，列表注写方式可在一张图纸上将全部剪力墙一次性表达清楚，也可以按剪力墙标准层逐层表达。截面注写方式通常需要首先划分剪力墙标准层后，再按标准层分别绘制。

（1）剪力墙列表注写方式。列表注写方式，是分别在剪力墙柱表、剪力墙身表和剪力墙梁表中，对应于剪力墙平面布置图上的编号，用绘制截面配筋图并注写几何尺寸与配筋具体数值的方式来表达剪力墙平法施工图。图 2-4 所示为剪力墙平法施工图。

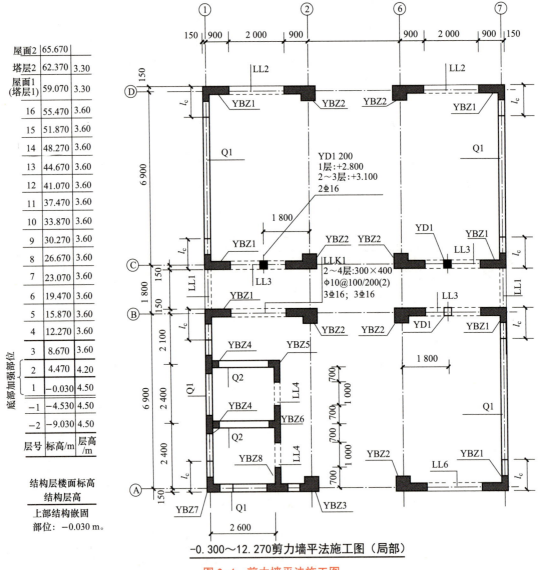

-0.300～12.270剪力墙平法施工图（局部）

图 2-4　剪力墙平法施工图

1）剪力墙柱表。剪力墙柱表包括墙柱编号、截图配筋图、加注的几何尺寸（未注明的尺寸按标注构件详图取值）、墙柱的起止标高、全部纵向钢筋和箍筋等内容。其中，墙柱的起止标高自墙柱根部往上以变截面位置或截面未变但配筋改变处为分段界限，墙柱根部标高是指基础顶面标高（框支剪力墙结构则为框支梁的顶面标高）。图 2-5 所示为剪力墙柱表。

2）剪力墙身表。剪力墙身表包括墙身编号（含水平与竖向分布钢筋的排数），墙身的起止标高（表达方式同墙柱的起止标高），水平分布钢筋、竖向分布钢筋和拉筋的具体数值（表中的数值为一排水平分布钢筋和竖向分布钢筋的规格与间距，具体设置几排见墙身后面的括号）等。表 2-6 所示为剪力墙身表。

表 2-6　剪力墙身表

编号	标高	墙厚	水平分布筋	垂直分布筋	拉筋（矩形）
Q1	−0.03~30.270	300	$\Phi 12@200$	$\Phi 12@200$	$\phi 6@600@600$
	30.270~59.070	250	$\Phi 10@200$	$\Phi 10@200$	$\phi 6@600@600$
Q2	−0.030~30.270	250	$\Phi 10@200$	$\Phi 10@200$	$\phi 6@600@600$
	30.270~59.070	200	$\Phi 10@200$	$\Phi 10@200$	$\phi 6@600@600$

3）剪力墙梁表。剪力墙梁表包括墙梁编号，墙梁所在楼层号，墙梁顶面标高高差（是指相对于墙梁所在结构层楼面标高的高差值，正值代表高于者，负值代表低于者，未注明的代表无高差），墙梁截面尺寸 $b \times h$，上部纵筋、下部纵筋和箍筋的具体数值等。当连梁设有斜向交叉暗撑 [代号为 LL（JC）×× ，且连梁截面宽度不小于 400 mm] 或斜向交叉钢筋 [代号 LL（JG）×× ，且连梁截面宽度小于 400 mm 但不小于 200 mm] 时，标写为"配筋值 ×2"，其中"配筋值"系指一根暗撑的全部纵筋或一道斜向钢筋的配筋数值，"×2"代表有两根暗撑相互交叉或两道斜向钢筋相互交叉。表 2-7 所示为剪力墙梁表。

（2）剪力墙截面注写方式。截面注写方式是在分标准层绘制的剪力墙平面布置图上以直接在墙柱、墙身、墙梁上注写截面尺寸和配筋具体数值的方式来表达剪力墙平法施工图（图 2-6）。

选用适当比例原位放大绘制剪力墙平面布置图，其中对墙柱绘制配筋截面图；对所有墙柱、墙身、墙梁分别按剪力墙编号规定进行编号并分别在相同编号的墙柱、墙身、墙梁中选择一根墙柱、一道墙身、一根墙梁进行注写，其注写内容按以下规定进行：

1）剪力墙柱的注写内容有截面配筋图、截面尺寸、全部纵筋和箍筋的具体数值。

2）剪力墙身的注写内容有墙身编号（编号后括号内的数值表示墙身所配置的水平与竖向分布钢筋的排数）、墙厚尺寸、水平分布钢筋和竖向分布钢筋以及拉筋的具体数值。

3）剪力墙梁的注写内容有墙梁编号、墙梁截面尺寸 $b \times h$ 以及墙梁箍筋、上部纵筋、下部纵筋和墙梁顶面标高高差（含义同列表注写方式）。

3. 剪力墙洞口的表示方法

无论采用列表注写方式还是截面注写方式，剪力墙上的洞口均可在剪力墙平面布置图上原位表达，具体表示方法如下：

（1）在剪力墙平面布置图上绘制洞口示意，并标注洞口中心的平面定位尺寸。

（2）在洞口中心位置引注：洞口编号、洞口几何尺寸、洞口中心相对标高、洞口每边补强钢筋，共四项内容。

剪力墙柱表

截面				
编号	YBZ1	YBZ2	YBZ3	YBZ4
标高	-0.030~12.270	-0.030~12.270	-0.030~12.270	-0.030~12.270
纵筋	24Φ20	22Φ20	18Φ22	20Φ20
箍筋	Φ10@100	Φ10@100	Φ10@100	Φ10@100
截面				
编号	YBZ5	YBZ6	YBZ7	
标高	-0.030~12.270	-0.030~12.270	-0.030~12.270	
纵筋	20Φ20	28Φ20	16Φ20	
箍筋	Φ10@100	Φ10@100	Φ10@100	

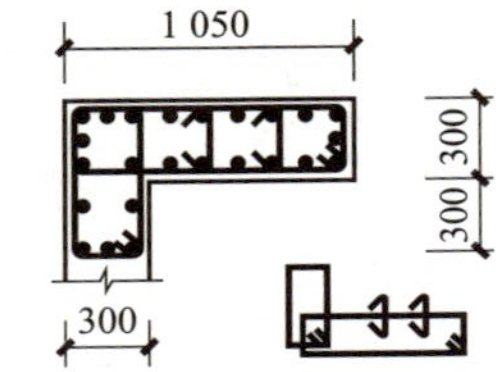

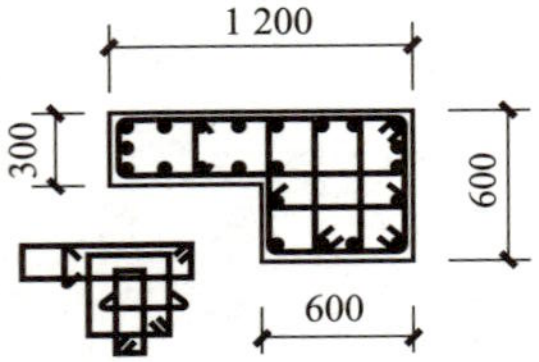

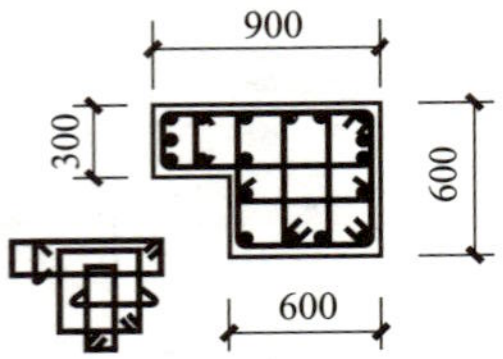

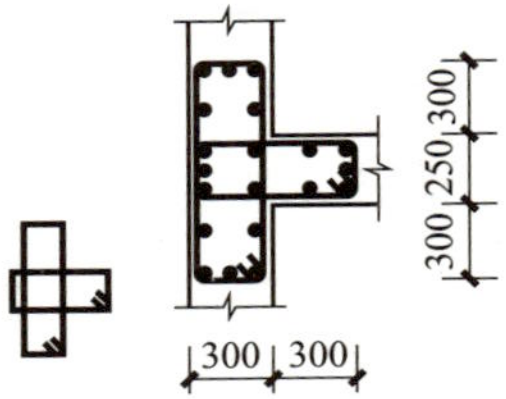

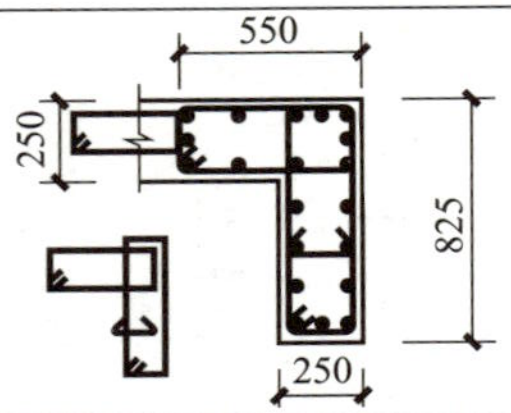

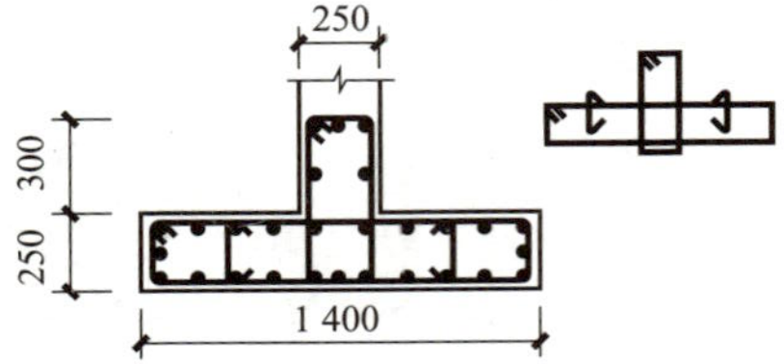

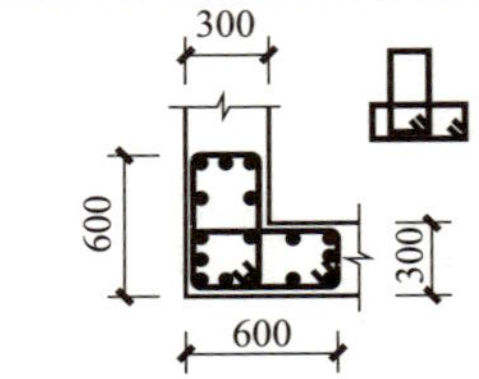

结构层楼面标高
结构层高

层号	标高/m	层高/m
屋面2	65.670	
塔层2	62.370	3.30
屋面1(塔层1)	59.070	3.30
16	55.470	3.60
15	51.870	3.60
14	48.270	3.60
13	44.670	3.60
12	41.070	3.60
11	37.470	3.60
10	33.870	3.60
9	30.270	3.60
8	26.670	3.60
7	23.070	3.60
6	19.470	3.60
5	15.870	3.60
4	12.270	3.60
3	8.670	3.60
2	4.470	4.20
1	-0.030	4.50
-1	-4.530	4.50
-2	-9.030	4.50

上部结构嵌固部位

注：上部结构嵌固
部位：-0.030 m。

-0.030~12.270剪力墙平法施工图（部分建立墙柱表）

图2-5 剪力墙表

026

表 2-7 剪力墙梁表

编号	所在楼层号	梁顶相对标高高差	梁截面 $b \times h$	上部纵筋	下部纵筋	侧面纵筋	墙梁箍筋
LL1	2~9	0.800	300×2 000	4Φ25	4Φ25	同墙体水平分布筋	Φ10@100（2）
	10~16	0.800	250×2 000	4Φ22	4Φ22		Φ10@100（2）
	屋面1		250×2 000	4Φ20	4Φ20		Φ10@100（2）
LL2	3	−1.200	300×2 520	4Φ25	4Φ25	22Φ12	Φ10@150（2）
	4	−0.900	300×2 070	4Φ25	4Φ25	18Φ12	Φ10@150（2）
	5~9	−0.900	300×1 770	4Φ25	4Φ25	16Φ12	Φ10@150（2）
	10~屋面1	−0.900	250×1 770	4Φ22	4Φ22	16Φ12	Φ10@150（2）
LL3	2		300×2 070	4Φ25	4Φ25	18Φ12	Φ10@100（2）
	3		300×1 770	4Φ25	4Φ25	16Φ12	Φ10@100（2）
	4~9		300×1 170	4Φ25	4Φ25	10Φ12	Φ10@100（2）
	10~屋面1		250×1 170	4Φ22	4Φ22	10Φ12	Φ10@100（2）
LL4	2		250×2 070	4Φ20	4Φ20	18Φ12	Φ10@125（2）
	3		250×1 770	4Φ20	4Φ20	16Φ12	Φ10@125（2）
	4~屋面1		250×1 170	4Φ20	4Φ20	10Φ12	Φ10@125（2）
AL1	2~9		300×600	3Φ20	3Φ20	同墙体水平分布筋	Φ8@150（2）
	10~16		250×500	3Φ18	3Φ18		Φ8@150（2）
BKL1	屋面1		500×750	4Φ22	4Φ22	4Φ16	Φ10@150（2）

注：当剪力墙厚度发生变化时，连梁 LL 宽度随墙厚变化

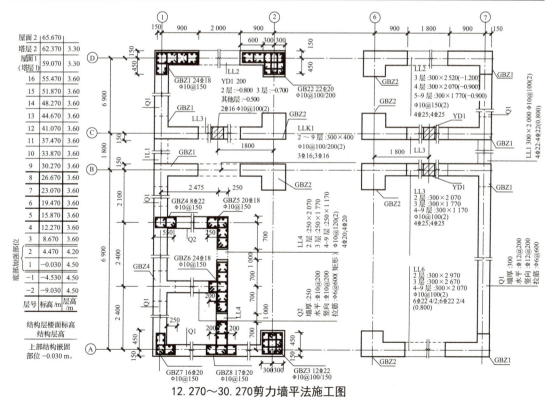

12.270~30.270剪力墙平法施工图

图 2-6　剪力墙平法施工图

1）洞口编号：矩形洞口为 JD×× （×× 为序号），圆形洞口为 YD×× （×× 为序号）。

2）洞口几何尺寸：矩形洞口为洞宽×洞高（$b×h$），圆形洞口为洞口的直径 D。

3）洞口中心相对标高，是相对于结构层楼（地）面标高的洞口中心高度。当其高于结构层楼面时为正值，低于结构层楼面时为负值。

（四）梁类构件的制图规则

梁平法施工图可以在梁平面布置图上，分别在不同编号的梁中各选一根梁，在其上注写截面尺寸和配筋具体数值的方式来表达梁平法施工图。

平面注写包括集中标注与原位标注，集中标注表达梁的通用数值，原位标注表达梁的特殊数值。当集中标注中的某项数值不适用于梁的某部位时，则将该项数值原位标注，施工时，原位标注取值优先。图 2-7 所示为梁平面注写方式示例。

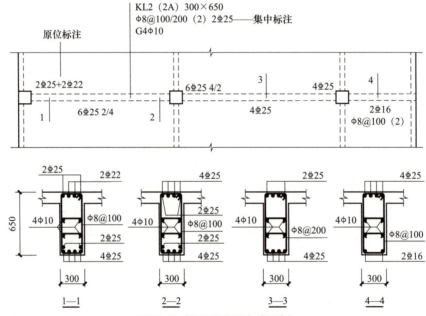

图 2-7　梁平面注写方式示例

1. 梁编号的规定

在平法施工图中，各类型的梁应按表 2-8 进行编号。同时，梁编号由梁类型代号、序号、跨数及有无悬挑代号几项组成。

表 2-8　梁编号

梁类型	代号	序号	跨数及是否带有悬挑
楼层框架梁	KL	××	（××）、（××A）或（××B）
楼层框架扁梁	KBL	××	（××）、（××A）或（××B）
屋面框架梁	WKL	××	（××）、（××A）或（××B）
框支梁	KZL	××	（××）、（××A）或（××B）
托柱转换梁	TZL	××	（××）、（××A）或（××B）

梁类型	代号	序号	跨数及是否带有悬挑
非框架梁	L	××	（××）、（××A）或（××B）
悬挑梁	XL	××	（××）、（××A）或（××B）
井字梁	JZL	××	（××）、（××A）或（××B）

注：（××A）为一端有悬挑，（××B）为两端有悬挑，悬挑不计入跨数。
例：KL7（5A），表示第 7 号框架梁，5 跨，一端有悬挑；
L9（7B），表示第 9 号非框架梁，7 跨，两端有悬挑；
JZL1（8），表示第 1 号井字梁，8 跨，无悬挑

2. 梁平面注写方式

（1）梁平面注写方式集中标注的具体内容。梁集中标注内容为六项，其中前五项为必注值，即梁编号、截面尺寸、箍筋、上部跨中通长筋或架立筋、侧面构造纵筋，第六项为选注值，即梁顶面相对标高高差，如图 2-8 所示。

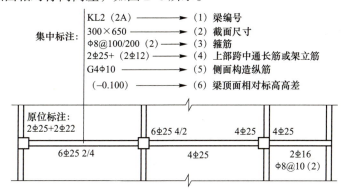

图 2-8　框架梁集中标注的 6 项内容

1）注写梁编号（必注值）。梁编号带有注在"（ ）"内的梁跨数及有无悬挑信息，应注意当有悬挑端时，无论悬挑多长均不计入跨数。

2）注写梁截面尺寸（必注值）。当为等截面梁时，用 $b×h$ 表示，其中 b 为梁宽，h 为梁高。

当为悬挑梁且根部和端部的高度不同时，用斜线分隔根部与端部的高度值，即为 $b×h_1/h_2$。其中，h_1 为梁根部较大高度值，h_2 为梁根部较小高度值（图 2-9）。

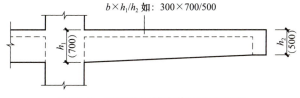

图 2-9　悬挑梁不等高截面注写示意

3）注写箍筋（必注值）。注写箍筋种类、直径、加密区非加密区间距及肢数，"（ ）"内注明箍筋肢数。

4）注写上部通长筋或架立筋（必注值）。"+"代表当同排纵筋中既有通长筋又有架立筋时，应用"+"将通长筋和架立筋相连。注写时将角部钢筋写在前面，架立筋写在加号后面的括号内，当全部采用架立筋时，则将其写入括号内。

5）梁侧面纵向构造钢筋或受扭钢筋配置（必注值）。纵向构造钢筋注写值以大写字母G打头，受扭纵向钢筋注写值以大写字母N打头。

6）梁顶面标高高差（选注值）。梁顶面标高高差是指相对于结构层楼面标高的高差值，有高差时，需将其写入括号内，无高差时不注。

注：当某梁的顶面高于所在结构层的楼面标高时，其标高高差为正值，反之为负值。

例如：某结构层的楼面标高为44.950 m和48.250 m，当某梁的顶面标高高差注写为（−0.050）时，即表明该梁顶面标高分别相对于44.950 m和48.250 m低0.050 m。

（2）梁平面注写方式原位标注的具体内容。梁原位标注内容为四项：梁支座上部纵筋、梁下部纵筋、附加箍筋或吊筋、修正集中标注中某项或某几项不适用于本跨的内容。具体如下：

1）注写梁支座上部纵筋。当集中标注的梁上部跨中抗震通长筋直径相同时，跨中通长筋实际为该跨两端支座的角筋延伸到跨中1/3净跨范围内搭接形成；当集中标注的梁上部跨中通长筋直径与该部位角筋直径不同时，跨中直径较小的通长筋分别与该跨两端支座的角筋搭接完成抗震通长筋受力功能。

① 当梁支座上部纵筋多于一排时，用"/"将各排纵筋自上而下分开。

例如：6⊈22 4/2 表示上一排纵筋为4⊈22，下一排纵筋为2⊈22。

② 当同排纵筋有两种直径时，用"+"将两种直径的纵筋相连，并将角部纵筋注写在前面。

例如：2⊈25 + 2⊈22 表示梁支座上部有4根纵筋，2⊈25放在角部，2⊈22放在中部。

③ 当梁支座两边的上部纵筋不同时，须在支座两边分别标注；当梁支座两边的上部纵筋相同时，可仅在支座一边标注配筋值，另一边省去不注。

④ 当两大跨中间为小跨，且小跨净尺寸小于左、右两大跨净跨尺寸之和的1/3时，小跨上部纵筋采取贯通全跨方式，此时，应将贯通小跨的纵筋注写在小跨中间，如图2-10所示。

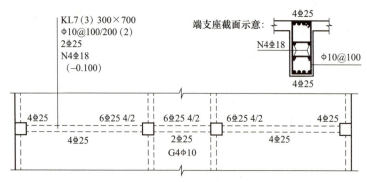

图2-10　大小跨梁的注写示意

2）注写梁下部纵筋。

①当梁下部纵筋多于一排时，用"/"将各排纵筋自上而下分开。

例如：6Φ25 2/4 表示上一排纵筋为 2Φ25，下一排纵筋为 4Φ25，全部伸入支座。

②当同排纵筋有两种直径时，用"＋"将两种直径的纵筋相连，注写时角筋写在前面。

例如：2Φ22 ＋ 2Φ20 表示梁下部有四根纵筋，2Φ22 放在角部，2Φ20 放在中部。

③当下部纵筋不全部伸入支座时，将减少的数量写在括号内。

例如：6Φ25 2（－2）/4 表示上排纵筋为 2Φ25 且不伸入支座，下排纵筋为 4Φ25，全部伸入支座。

例如：2Φ25 ＋ 3Φ22（－3）/5Φ25 表示上排纵筋为 2Φ25 加 3Φ22，其中 3Φ22 不伸入支座；下排纵筋为 5Φ25，全部伸入支座。

④当在梁集中标注中已在梁支座上部纵筋之后注写了下部通长纵筋值时，则不需在梁下部重复做原位标注。

3）注写附加箍筋或吊筋。在主次梁相交处，直接将附加箍筋或吊筋画在平面图中的主梁上，用线引注总配筋值（附加箍筋的肢数注在括号内），图 2-11 中：8Φ8（2）表示在主次梁上配置直径 8 mm、HPB300 级附加箍筋，共 8 道，在次梁两侧各配置 4 道，为两肢箍。又如：2Φ18 表示在主梁上配置直径 18 mm、HRB400 吊筋两根。应注意：附加箍筋的间距、吊筋的几何尺寸等构造，是结合其所在位置的主梁和次梁的截面尺寸而定。

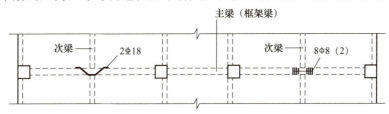

图 2-11 附加箍筋和吊筋的画法示例

（五）板类构件的制图规则

1. 板的编号规定

在板平法施工图中各种类型的板编号应按表 2-9 进行编写。

表 2-9 板块编号

板类型	代号	序号
楼面板	LB	××
屋面板	WB	××
悬挑板	XB	××

2. 板平面注写方式

（1）板块集中标注。

例如：按图 2-12 识读板图。

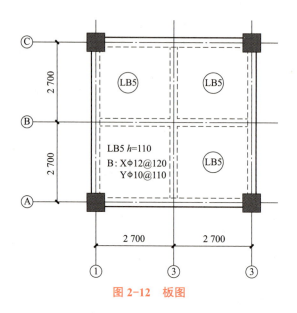

图 2-12　板图

表示 5 号楼面板，板厚 110 mm，板下部配置的贯通纵筋 X 向为 Φ12@120，Y 向为 Φ10@110；板上部未配置贯通纵筋。

（2）板支座原位标注。板支座原位标注的内容为板支座上部非贯通纵筋和纯悬挑板上部受力钢筋。

当中间支座上部非贯通纵筋向支座两侧对称延伸时，可仅在支座一侧线段下方标注延伸长度，另一侧不注，如图 2-13 所示。

当支座两侧非对称延伸时，应分别在支座线段下方注写延伸长度，如图 2-14 所示。

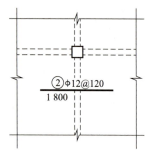

图 2-13　板支座原位标注（对称延伸）

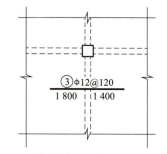

图 2-14　板支座原位标注（非对称延伸）

3. 板平法施工图

板平法施工图如图 2-15 所示。

（六）独立基础平法识读

独立基础的平面注写方式，分为集中标注和原位标注两部分内容。普通独立基础和杯口独立基础的集中标注，是在基础平面图上集中引注基础编号、截面竖向尺寸和配筋三项必注内容，以及基础底面标高，如图 2-16 所示。

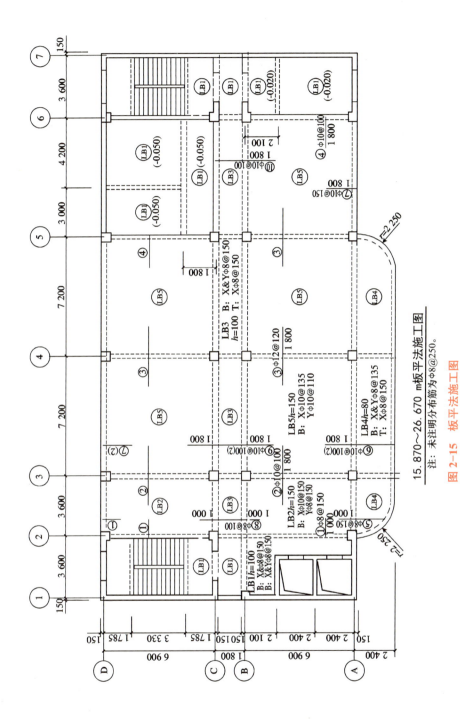

15.870~26.670 m板平法施工图

图 2-15　板平法施工图

注：未注明分布筋为Φ8@250。

层号	标高/m	层高/m
屋面2	65.670	3.30
塔层2	62.370	3.30
屋面1(塔层1)	59.070	3.60
16	55.470	3.60
15	51.870	3.60
14	48.270	3.60
13	44.670	3.60
12	41.070	3.60
11	37.470	3.60
10	33.870	3.60
9	30.270	3.60
8	26.670	3.60
7	23.070	3.60
6	19.470	3.60
5	15.870	3.60
4	12.270	3.60
3	8.670	3.60
2	4.470	4.20
1	-0.030	4.50
-1	-4.530	4.50
-2	-9.030	4.50
层号	标高/m	层高/m

结构层楼面标高
结构层高

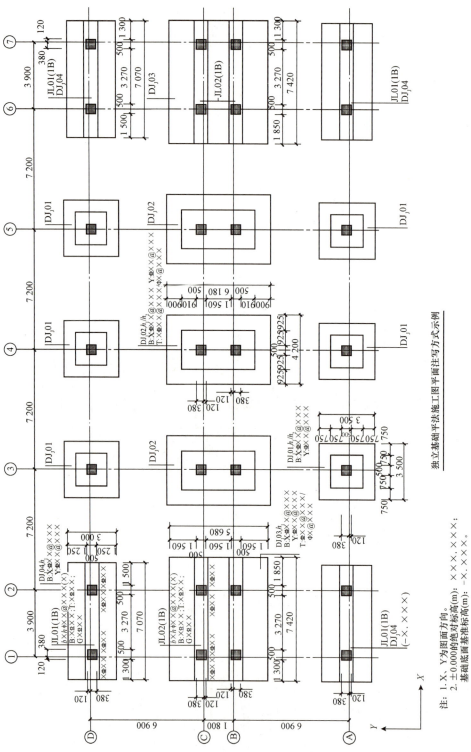

独立基础平法施工图平面注写方式示例

图2-16 独立基础平法施工图平面注写

注: 1. X、Y为图面方向。
2. ±0.000的绝对标高(m): ×××.×××、×××;
基础底面基准标高(m): -×.×××。

（七）楼梯平法识读

楼梯平法指在楼梯平面布置图上采用平面注写方式表达，也就是说在楼梯平面布置图上用注写截面尺寸和配筋的数值来表达楼梯平法施工图。

楼梯平法标注内容包括集中标注、外围标注。

（1）集中标注：表达梯板的类型代号及序号、梯板的竖向几何尺寸和配筋。

（2）外围标注：表达梯板的平面几何尺寸和楼梯间的平面尺寸。

标注内容如图2-17所示。

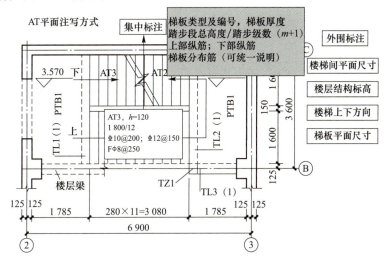

图2-17 楼梯平法标注内容

实训一：在图纸上查找问题

1. 在建筑施工图中查找

（1）工程概况：建筑名称、建设地点、建设单位、建筑面积、建筑基底面积、建筑工程等级、设计使用年限、建筑层数和建筑高度、防火设计建筑分类和耐火等级，人防工程防护等级、屋面防水等级、地下室防水等级、抗震设防烈度等。

（2）门窗表及门窗性能。

（3）用料说明和室外装修。

（4）墙体采用什么材质？厚度有多少？砌筑砂浆强度等级是多少？

（5）是否有相关构造柱、过梁、压顶的设置说明？

（6）有几种屋面？构造做法分别是什么？或者采用哪本图集？

（7）外墙保温的形式是什么？保温材料是什么？厚度多少？

（8）屋面排水的形式是什么？

（9）室内装修做法表，室内有几种房间？它们的楼地面、墙面、墙裙、踢脚、顶棚（吊顶）装修做法是什么？或者采用哪本图集？

（10）台阶、坡道的位置在哪里？台阶挡墙的做法是否有节点引出？台阶的构造做法采用哪本图集？坡道的位置在哪里？坡道的构造做法采用哪本图集？坡道栏杆的做法是什么？（台阶、坡道的做法有时也在"建筑设计说明"中明确。）

（11）散水的宽度是多少？做法采用的图集号是多少？（散水做法有时也在"建筑设计说明"中明确。）

（12）雨篷的尺寸是多大？

（13）女儿墙、阳台、栏板的尺寸是多大？

（14）楼梯的位置、数量、尺寸是多大？

2. 在结构施工图中查找

（1）基础的类型、数量、尺寸。

（2）柱的类型、数量、尺寸。

（3）剪力墙位置及长度尺寸。

（4）梁板类型、尺寸。

（5）混凝土的强度等级、保护层的信息。

（6）基础、梁、板、柱、墙等钢筋信息。

（7）楼梯信息。

小贴士

1. 合抱之木，生于毫末；九层之台，起于垒土；千里之行，始于足下。——《老子》

施工图纸是"工程的语言"，它明确规定了这是一幢什么样的建筑，并且具体规定了形状、尺寸、做法和技术要求。识读图纸是学会造价的基础，我们必须学会识图方法，才能起到事半功倍的效果。造价人第一步——识图，你会了吗？

2. 一丝不苟看图纸，认认真真做事情。

我们必须认真、仔细、一丝不苟地去看图，对施工图中的每个数据、尺寸，每个图例、符号，每条文字说明，都不能随意放过。对图纸中表述不清或尺寸短缺的部分，绝不能凭自己的想象、估计、猜测来计算，否则就会差之毫厘，失之千里。

项目三　建筑面积的计算

学习目标

（1）了解与建筑面积相关的概念；
（2）熟悉建筑面积计算规范；
（3）结合实际正确计算建筑物的建筑面积。

素质目标

（1）培养学生良好的职业行为习惯、职业信念，坚持岗位职业操守；
（2）培养学生精益求精的大国工匠精神，激发学生科技报国的家国情怀和使命担当。

任务一　与建筑面积相关的基本概念

一、任务说明

（1）了解建筑面积的组成和作用；
（2）熟悉建筑面积相关的基本概念。

二、任务分析

（一）建筑面积的概念

建筑面积是指建筑物（包括墙体）所形成的楼地面面积，包括房屋建筑中的下列三大面积。

1. 使用面积

建筑物各层平面布置中可直接为生产或社会使用的净面积的总和（房间面积）。

2. 辅助面积

建筑物各层平面布置中为辅助生产或生活所占的净面积的总和（楼梯间、走道等）。

3. 结构面积

建筑物各层平面布置中的墙柱体、垃圾道、通风道等结构所占面积的总和。

（二）建筑面积的作用

（1）建筑面积是国家控制基本建设规模的主要指标。

（2）建筑面积是确定各项技术经济指标的基础和依据。

各项技术经济指标有每平方米单方造价、占地面积、使用面积系数、土地利用系数、有效面积系数等。

$$土地利用系数（容积率）＝建筑面积／建筑物的占地面积$$
$$单方造价＝预算总值／建筑面积$$

建筑面积和单方造价又是计划部门、规划部门和上级主管部门进行立项、审批、控制的重要依据。

（3）在施工图预算阶段建筑面积是计算某些分部分项工程的依据，从而减少概预算编制过程中的计算工作量。例如，场地平整、地面抹灰、地面垫层、室内回填土、顶棚抹灰等项的工程量计算，均可利用建筑面积这个基数来计算。

（4）建筑面积是计算概算指标、编制概算的主要依据。

（三）与建筑面积相关的基本概念

（1）建筑面积：建筑物（包括墙体）所形成的楼地面面积，包括附属于建筑物的室外阳台、雨篷、檐廊、室外走廊、室外楼梯等。

（2）自然层：按楼地面结构分层的楼层。

（3）结构层高：楼面或地面结构层上表面至上部结构层上表面之间的垂直距离。

（4）围护结构：围合建筑空间的墙体、门、窗。

（5）建筑空间：以建筑界面限定的、供人们生活和活动的场所。

（6）结构净高：楼面或地面结构层上表面至上部结构层下表面之间的垂直距离。

（7）围护设施：为保障安全而设置的栏杆、栏板等围挡。

（8）地下室：室内地平面低于室外地平面的高度超过室内净高的 1/2 的房间。

（9）半地下室：室内地平面低于室外地平面的高度超过室内净高的 1/3，且不超过 1/2 的房间。

（10）架空层：仅有结构支撑而无外围护结构的开敞空间层。

（11）走廊：建筑物中的水平交通空间。

（12）架空走廊：专门设置在建筑物的二层或二层以上，作为不同建筑物之间水平交通的空间。

（13）结构层：整体结构体系中承重的楼板层。

（14）落地橱窗：凸出外墙面且根基落地的橱窗。

（15）凸窗（飘窗）：凸出建筑物外墙面的窗户。

（16）檐廊：建筑物挑檐下的水平交通空间。

（17）挑廊：挑出建筑物外墙的水平交通空间。

（18）门斗：建筑物入口处两道门之间的空间。

（19）雨篷：建筑出入口上方为遮挡雨水而设置的部件。

（20）门廊：建筑物入口前有顶棚的半围合空间。

（21）楼梯：由连续行走的梯级、休息平台和维护安全的栏杆（或栏板）、扶手以及相应的支托结构组成的作为楼层之间垂直交通使用的建筑部件。

（22）阳台：附设于建筑物外墙，设有栏杆或栏板，可供人活动的室外空间。

（23）主体结构：接受、承担和传递建设工程所有上部荷载，维持上部结构整体性、稳定性和安全性的有机联系的构造。

（24）变形缝：防止建筑物在某些因素作用下引起开裂甚至破坏而预留的构造缝。

（25）骑楼：建筑底层沿街面后退且留出公共人行空间的建筑物。

（26）过街楼：跨越道路上空并与两边建筑相连接的建筑物。

（27）建筑物通道：为穿过建筑物而设置的空间。

（28）露台：设置在屋面、首层地面或雨篷上的供人室外活动的有围护设施的平台。

（29）勒脚：在房屋外墙接近地面部位设置的饰面保护构造。

（30）台阶：联系室内外地坪或同楼层不同标高而设置的阶梯形踏步。

任务二　建筑面积计算规则

一、任务说明

（1）熟悉建筑面积的计算规则；

（2）按图纸正确计算建筑面积。

二、任务分析

（一）计算建筑面积的范围

（1）建筑物的建筑面积应按自然层外墙结构外围水平面积之和计算。结构层高在 2.20 m 及以上的，应计算全面积；结构层高在 2.20 m 以下的，应计算 1/2 面积。

注：建筑面积计算，在主体结构内形成的建筑空间，满足计算面积结构层高要求的均应按本条规定计算建筑面积。主体结构外的室外阳台、雨篷、檐廊、室外走廊、室外楼梯等按相应条款计算建筑面积。当外墙结构本身在一个层高范围内不等厚时，以楼地面结构标高处的外围水平面积计算。

"外墙结构外围水平面积"主要强调建筑面积计算应计算墙体结构的面积，按建筑平面图结构外轮廓尺寸计算，而不应包括墙体构造所增加的抹灰厚度、材料厚度等。

公式：$S = S_1 + S_2 + S_3 + \cdots$

（2）建筑物内设有局部楼层时，对于局部楼层的二层及以上楼层，有围护结构的应按其围护结构外围水平面积计算，无围护结构的应按其结构底板水平面积计算，且结构层高在 2.20 m 及以上的，应计算全面积，结构层高在 2.20 m 以下的，应计算 1/2 面积（图 3-1）。

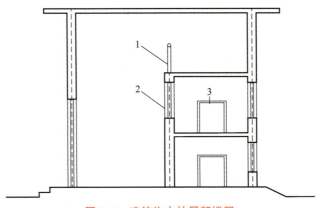

图 3-1 建筑物内的局部楼层

1—围护设施；2—围护结构；3—局部楼层

（3）对于形成建筑空间的坡屋顶，结构净高在 2.10 m 及以上的部位应计算全面积；结构净高在 1.20 m 及以上至 2.10 m 以下的部位应计算 1/2 面积；结构净高在 1.20 m 以下的部位不应计算建筑面积（图 3-2）。

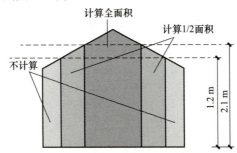

图 3-2 坡屋顶的建筑空间计算面积

（4）对于场馆看台下的建筑空间，结构净高在 2.10 m 及以上的部位应计算全面积；结构净高在 1.20 m 及以上至 2.10 m 以下的部位应计算 1/2 面积；结构净高在 1.20 m 以下的部位不应计算建筑面积。室内单独设置的有围护设施的悬挑看台，应按看台结构底板水平投影面积计算建筑面积。有顶盖无围护结构的场馆看台应按其顶盖水平投影面积的 1/2 计算面积（图 3-3）。

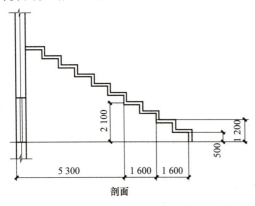

剖面

图 3-3 场馆看台下的建筑空间

（5）地下室、半地下室应按其结构外围水平面积计算。结构层高在 2.20 m 及以上的，应计算全面积；结构层高在 2.20 m 以下的，应计算 1/2 面积（图 3-4）。

注：计算建筑面积时，不应包括由于构造需要所增加的面积，如无顶盖采光井、立面防潮层、保护墙等厚度所增加的面积。

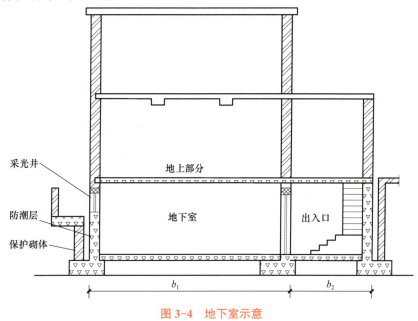

图 3-4　地下室示意

（6）出入口外墙外侧坡道有顶盖的部位，应按其外墙结构外围水平面积的 1/2 计算面积（图 3-5）。

注：出入口坡道分有顶盖出入口坡道和无顶盖出入口坡道，出入口坡道的挑出长度为顶盖结构外边线至外墙结构外边线的长度；顶盖以设计图纸为准，对于后增加及建设单位自行增加的顶盖等，不计算建筑面积。顶盖不分材料种类（如钢筋混凝土顶盖、彩钢板顶盖、阳光板顶盖等）。

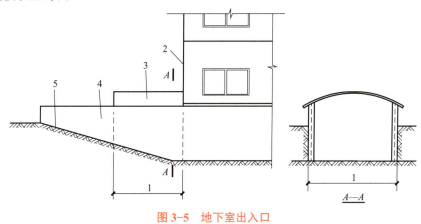

图 3-5　地下室出入口

1—计算 1/2 投影面积部分；2—主体建筑；3—出入口顶盖；4—封闭出入口侧墙；5—出入口坡道

（7）建筑物架空层及坡地建筑物吊脚架空层，应按其顶板水平投影计算建筑面积。结构层高在 2.20 m 及以上的，应计算全面积；结构层高在 2.20 m 以下的，应计算 1/2 面积（图 3-6～图 3-8）。

注：架空层是指仅有结构支撑而无外围结构的开敞空间层。

本条既适用于建筑物吊脚架空层、深基础架空层的建筑面积计算，也适用于目前部分住宅、学校教学楼等工程在底层架空或在二楼以上某个甚至多个楼层架空，作为公共活动、停车、绿化等空间的建筑面积计算。架空层中有围护结构的建筑空间按相关规定计算。

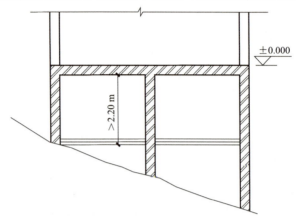

图 3-6　坡地建筑利用吊脚做架空层

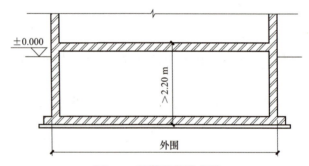

图 3-7　深基础做架空层

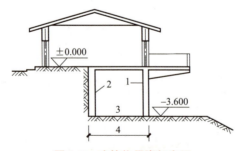

图 3-8　建筑物吊脚架空层

1—柱；2—墙；3—吊脚架空层；4—计算建筑面积部位

（8）建筑物的门厅、大厅应按一层计算建筑面积，门厅、大厅内设置的走廊应按走廊结构底板水平投影面积计算建筑面积。结构层高在 2.20 m 及以上的，应计算全面积；结构层高在 2.20 m 以下的，应计算 1/2 面积。

（9）对于建筑物间的架空走廊，有顶盖和围护设施的，应按其围护结构外围水平面积计算全面积；无围护结构、有围护设施的，应按其结构底板水平投影面积计算 1/2 面积（图 3-9、图 3-10）。

注：架空走廊即专门设置在建筑物二层或二层以上，作为不同建筑物之间水平交通的空间。

图 3-9　无围护结构的架空走廊
1—栏杆；2—架空走廊

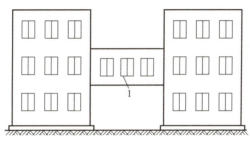

图 3-10　有围护结构的架空走廊
1—架空走廊

（10）对于立体书库、立体仓库、立体车库，有围护结构的，应按其围护结构外围水平面积计算建筑面积；无围护结构、有围护设施的，应按其结构底板水平投影面积计算建筑面积。无结构层的应按一层计算，有结构层的应按其结构层面积分别计算。结构层高在 2.20 m 及以上的，应计算全面积；结构层高在 2.20 m 以下的，应计算 1/2 面积（图 3-11、图 3-12）。

注：起局部分隔、储存等作用的书架层、货架层或可升降的立体钢结构停车层均不属于结构层，故该部分分层不计算建筑面积。

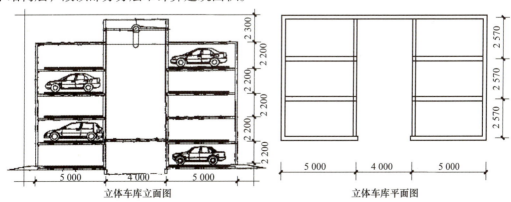

立体车库立面图　　　　立体车库平面图

图 3-11　立体车库

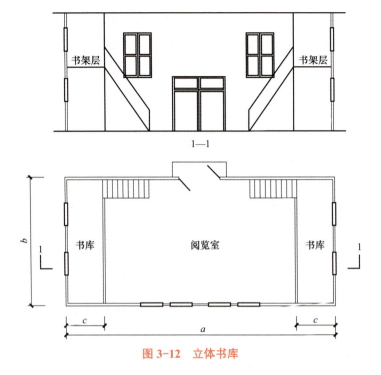

图 3-12　立体书库

（11）有围护结构的舞台灯光控制室，应按其围护结构外围水平面积计算。结构层高在 2.20 m 及以上的，应计算全面积；结构层高在 2.20 m 以下的，应计算 1/2 面积（图 3-13、图 3-14）。

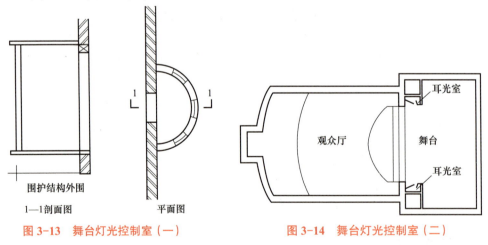

图 3-13　舞台灯光控制室（一）　　　　图 3-14　舞台灯光控制室（二）

（12）附属在建筑物外墙的落地橱窗，应按其围护结构外围水平面积计算。结构层高在 2.20 m 及以上的，应计算全面积；结构层高在 2.20 m 以下的，应计算 1/2 面积。

（13）窗台与室内楼地面高差在 0.45 m 以下且结构净高在 2.10 m 及以上的凸（飘）窗，应按其围护结构外围水平面积计算 1/2 面积（图 3-15）。

图 3-15　凸（飘）窗

（14）有围护设施的室外走廊（挑廊），应按其结构底板水平投影面积计算 1/2 面积；有围护设施（或柱）的檐廊，应按其围护设施（或柱）外围水平面积计算 1/2 面积（图 3-16）。

注：檐廊是指建筑物挑檐下的水平交通空间，是附属于建筑物底层外墙，有屋檐作为顶盖，其下部一般有柱或栏杆、栏板等的水平交通空间。挑廊是指挑出建筑物外墙的水平交通空间。

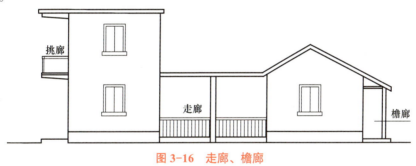

图 3-16　走廊、檐廊

（15）门斗应按其围护结构外围水平面积计算建筑面积，且结构层高在 2.20 m 及以上的，应计算全面积；结构层高在 2.20 m 以下的，应计算 1/2 面积（图 3-17）。

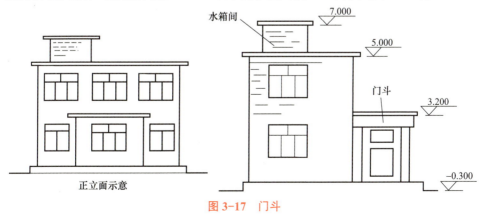

图 3-17　门斗

（16）门廊应按其顶板的水平投影面积的1/2计算建筑面积；有柱雨篷应按其结构板水平投影面积的1/2计算建筑面积；无柱雨篷的结构外边线至外墙结构外边线的宽度在2.10 m及以上的，应按雨篷结构板的水平投影面积的1/2计算建筑面积（图3-18）。

注：1）门廊是指建筑物入口前有天棚的半围合空间，是在建筑物出入口，无门、三面或两面有墙，上部有板（或借用上部楼板）围护的部位。

2）雨篷是指建筑物出入口上方为遮挡雨水而设置的部件，是在建筑物出入口上方、凸出墙面、为遮挡雨水而单独设立的建筑部件。雨篷划分为有柱雨篷（包括独立柱雨篷、多柱雨篷、柱墙混合支撑雨篷、墙支撑雨篷）和无柱雨篷（悬挑雨篷）。如凸出建筑物，且不单独设立顶盖，利用上层结构板（如楼板、阳台底板）进行遮挡，则不视为雨篷，不计算建筑面积。对于无柱雨篷，如顶盖高度达到或超过两个楼层，也不视为雨篷，不计算建筑面积。出挑宽度，是指雨篷结构外边线至外墙结构外边线的宽度，弧形或异形时，取最大宽度。

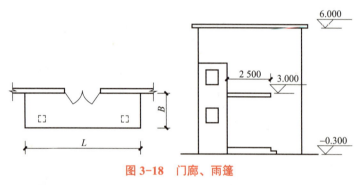

图 3-18　门廊、雨篷

（17）设在建筑物顶部的、有围护结构的楼梯间、水箱间、电梯机房等，结构层高在2.20 m及以上的应计算全面积；结构层高在2.20 m以下的，应计算1/2面积（图3-19）。

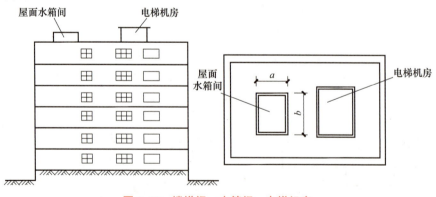

图 3-19　楼梯间、水箱间、电梯机房

（18）围护结构不垂直于水平面的楼层，应按其底板面的外墙外围水平面积计算。结构净高在2.10 m及以上的部位，应计算全面积；结构净高在1.20 m及以上至2.10 m以下的部位，应计算1/2面积；结构净高在1.20 m以下的部位，不应计算建筑面积（图3-20）。

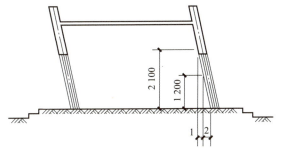

图 3-20　围护结构

1—计算 1/2 建筑面积部；2—不计算建筑面积

（19）建筑物的室内楼梯、电梯井、提物井、管道井、通风排气竖井、烟道，应并入建筑物的自然层计算建筑面积。有顶盖的采光井应按一层计算面积，且结构净高在 2.10 m 及以上的，应计算全面积；结构净高在 2.10 m 以下的，应计算 1/2 面积（图 3-21、图 3-22）。

注：建筑物的楼梯间层数按建筑物的层数计算。有顶盖的采光井包括建筑物中的采光井和地下室采光井。

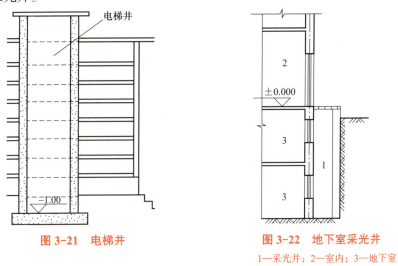

图 3-21　电梯井　　**图 3-22　地下室采光井**

1—采光井；2—室内；3—地下室

（20）室外楼梯应并入所依附建筑物自然层，并应按其水平投影面积的 1/2 计算建筑面积（图 3-23）。

注：层数为室外楼梯依附的楼层数，即梯段部分投影到建筑物范围的层数。利用室外楼梯下部的建筑空间不得重复计算建筑面积；利用地势砌筑的为室外踏步，不计算建筑面积。

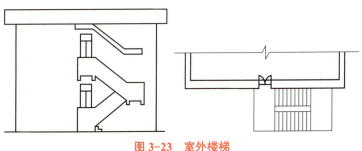

图 3-23　室外楼梯

（21）在主体结构内的阳台，应按其结构外围水平面积计算全面积；在主体结构外的阳台，应按其结构底板水平投影面积计算 1/2 面积（图 3-24）。

注：建筑物的阳台，不论其形式如何，均以建筑物主体结构为界分别计算建筑面积。

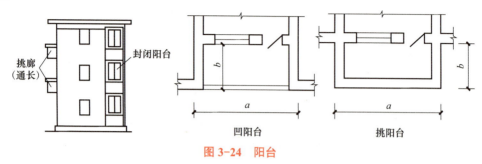

图 3-24　阳台

（22）有顶盖无围护结构的车棚、货棚、站台、加油站、收费站等，应按其顶盖水平投影面积的 1/2 计算建筑面积。

（23）以幕墙作为围护结构的建筑物，应按幕墙外边线计算建筑面积。

注：幕墙以其在建筑中所起的作用和功能来区分，直接作为外墙起围护作用的幕墙，按其外边线计算建筑面积；设置在建筑物墙体外起装饰作用的幕墙，不计算建筑面积。

（24）建筑物的外墙外保温隔热层，应按其保温隔热材料的水平截面面积计算，并计入自然层建筑面积（图 3-25）。

注：建筑物外墙外侧有保温隔热层的，保温隔热层以保温材料的净厚度乘以外墙结构的外边线长度按建筑物的自然层计算建筑面积，其外墙外边线长度不扣除门窗和建筑物以外的已计算建筑面积构件（如阳台、室外走廊、门斗、落地橱窗等部件）所占长度。当建筑物外已计算面积的构件有保温隔热层时，其保温隔热层也不再计算建筑面积。外墙按楼面楼板处的外墙外边线长度乘以保温材料的净厚度计算建筑面积。外墙外保温以沿高度方向满铺为准，某层外墙外保温铺设高度未达到全部高度时（不包含阳台室外走廊、门斗、落地橱窗、雨篷、飘窗等），不计算建筑面积。保温隔热层的建筑面积是以保温隔热材料的厚度来计算，不包含抹灰层、防潮层、保护层（墙）的厚度。

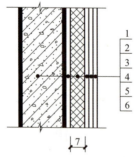

图 3-25　建筑外墙外保温隔热层

1—墙体；2—粘结胶浆；3—保温材料；4—标准网；
5—加强网；6—抹面胶浆；7—计算建筑面积部位

（25）与室内相通的变形缝，应按其自然层合并在建筑物建筑面积内计算。对于高低联跨的建筑物，当高低跨内部连通时，其变形缝应计算在低跨面积内（图3-26）。

注：与室内相通的变形缝，是指暴露在建筑物内，在建筑物内可以看得见的变形缝。

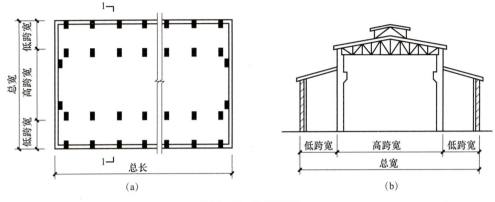

图 3-26　高低联跨

（26）对于建筑物内的设备层、管道层、避难层等有结构层的楼层，结构层高在 2.20 m 及以上的，应计算全面积；结构层高在 2.20 m 以下的，应计算 1/2 面积（图3-27）。

注：设备层、管道层虽然具体功能与普通楼层不同，但在结构上及施工消耗上并无本质区别，设备、管道楼层归为自然层。

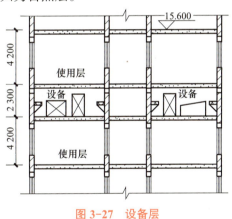

图 3-27　设备层

（二）下列项目不应计算建筑面积

（1）与建筑物内不相连通的建筑部件。指的是依附于建筑物外墙外不与户室开门连通，起装饰作用的敞开式挑台（廊）、平台，以及不与阳台相通的空调室外机搁板（箱）等设备平台部件。

（2）骑楼、过街楼底层的开放公共空间和建筑物通道。骑楼指建筑底层沿街面后退且留出公共人行空间的建筑物。过街楼指跨越道路上空并与两边建筑相连接的建筑物（图3-28、图3-29）。

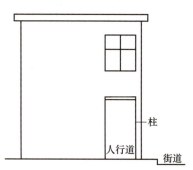

图 3-28　骑楼

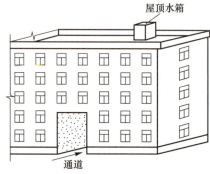

图 3-29　过街楼

（3）舞台及后台悬挂幕布和布景的天桥、挑台等。

（4）露台、露天游泳池、花架、屋顶的水箱及装饰性结构构件。

（5）建筑物内的操作平台、上料平台、安装箱和罐体的平台（图 3-30）。

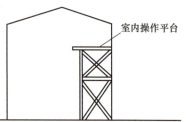

图 3-30　建筑物内的操作平台

（6）勒脚、附墙柱、垛、台阶、墙面抹灰、装饰面、镶贴块料面层、装饰性幕墙，主体结构外的空调室外机搁板（箱）、构件、配件，挑出宽度在 2.10 m 以下的无柱雨篷和顶盖高度达到或超过两个楼层的无柱雨篷（图 3-31）。

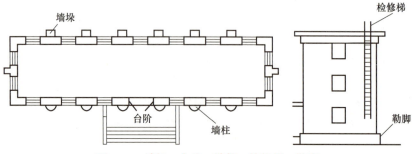

图 3-31　墙垛、台阶、墙柱、检修梯、勒脚

（7）窗台与室内地面高差在 0.45 m 以下且结构净高在 2.10 m 以下的凸（飘）窗，窗台与室内地面高差在 0.45 m 及以上的凸（飘）窗。

（8）室外爬梯、室外专用消防钢楼梯。

（9）无围护结构的观光电梯。

（10）建筑物以外的地下人防通道，独立的烟囱、烟道、地沟、油（水）罐、气柜、水塔、贮油（水）池、贮仓、栈桥等构筑物。

实训二：计算房屋建筑面积

1. 实训目的

通过多层房屋建筑面积工程量计算实例，熟悉建筑施工图，掌握建筑面积计算规则。

2. 实训任务

根据非地震地区多层房屋建筑施工图，完成给定图纸的计算。

（1）计算一层、二层房屋建筑面积。

（2）计算楼梯间、雨篷、阳台建筑面积。

（3）指出图纸中哪些不计算建筑面积。

3. 背景资料

（1）多层房屋部分建筑施工图。

（2）该施工图除标高外，其余均以毫米计。

（3）内外墙均采用 M7.5 烧结普通砖，M5 混合砂浆，墙体未注明者均为 240 mm。

4. 实训要求

（1）学生在教师的指导下，独立完成各训练项目。

（2）工程量计算正确，项目内容完整。

（3）提交统一规定的工程量计算书。

小贴士

离娄之明，公输子之巧，不以规矩，不能成方圆；师旷之聪，不以六律，不能正五音；尧舜之道，不以仁政，不能平治天下。——孟子《孟子·离娄上》

建筑面积的计算需要规则，人生同样需要规则，生命是一所终身全日制学校，每一天都在为我们布置着一堂堂需要修习的功课。无论是接受还是抗拒，这些必修课都将不断重复，学会方止。而我们每个人都应拥有解决这些问题的能力、理想、信念以及内心智慧。只要我们能够平息思想里的纷乱声音、倾听自己的内在精神，就能够创造出自己渴望得到的理想生活，通往更高层次的真我。

项目四　工程量清单概述

📖 **学习目标**

（1）熟悉工程量清单相关基本知识；
（2）完整工程量清单的构成；
（3）正确编写分部分项工程量清单。

🎯 **素质目标**

（1）培养学生实际工作能力，提高学生的实战技能，增强学生团队合作精神，体会职场工作的职业自豪感；
（2）培养学生依法、依规的职业素养。

任务一　工程量清单相关知识储备

一、工程量相关

工程预算造价主要取决于两个因素：一是工程量；二是工程单价。为正确编制工程预算，这两个因素缺一不可。因此，工程量计算准确与否，将直接影响工程直接费，进而影响整个工程的预算造价。因此，计算时必须严格依据国家的《房屋建筑与装饰工程工程量计算规范》（GB 50854—2013）（以下简称《房屋建筑计算规范》）、各省市建筑工程计价定额、装饰工程计价定额的计算规则，科学地、有步骤地进行计算。

视频：工程量清单简介

计算工程量是编制建筑工程工程量清单、进行施工图预算的基础工作，是计价文件的重要组成部分。

（一）工程量的概念

工程量是以规定的物理计量单位或自然计量单位表示建筑各个分部分项工程或结构构

件的实物数量的多少。

物理计量单位：长度、面积、体积、质量，即 m^3、m^2、m、t、kg。

自然计量单位：个、根、樘、套。

工程量分为清单工程量和定额工程量两种。

清单工程量——依据《房屋建筑计算规范》的工程量计算规则列项、计算。

定额工程量——依据建筑工程计价定额、装饰工程计价定额的计算规则列项、计算。

（二）工程量的计算原则

（1）工程量计算的项目必须以现行的工程量清单计算规范或消耗量定额一致。

（2）工程量计算单位必须同现行工程量清单计算规范或消耗量定额项目单位一致。

（3）工程量计算规则必须同现行工程量清单计算规范或消耗量定额项目规定的计算规则一致。

（4）工程量计算式要力求简单明了，按一定次序排列。

（5）计算的精度要求：以个、项为单位的取整，以立方米、平方米为单位的保留 3 位小数，以 t 为单位的保留 3 位小数。

（三）工程量的计算规律

工程量计算单位一般按分项工程的形状特征和变化规律来确定：

（1）当物体的长、宽、高 3 个度量都变化时，应采用立方米为计量单位，如土方、砖石、混凝土。

（2）当物体厚度一定、长宽变化时，宜采用平方米为计量单位，如门窗、楼地面面层。

（3）如物体截面面积一定、长度变化时，应以延长米为计量单位，如管道、装饰线。

（4）当物体体积一定、质量价格差异大时，应以质量为计量单位，如金属结构。

（5）有些分项工程以个、组、座、套等自然计量单位计算，如灯具。

（四）工程量的计算要求

（1）工程量计算应采取表格形式，清单编码或定额编号要正确，项目名称要完整，单位要用国际单位制表示，应与清单计算规范或消耗量定额中各个项目的单位一致，还要在工程量计算表中列出计算公式，以便于计算和审查。

（2）工程量计算必须在熟悉和审查图纸的基础上进行，要严格按照清单或定额规定的计算规则，结合施工图纸所注位置与尺寸进行计算，数字计算要精确。在计算过程中，小数点要保留 3 位，汇总时位数的保留应按有关规定要求确定。

（3）工程量计算要按一定的顺序计算，防止重复和漏算，要结合图纸，尽量做到结构按分层计算；内装饰按分层分房间计算；外装饰按分立面计算或按施工方案的要求分段计算。

（4）计算底稿要整齐，数字清楚，数值准确，切忌草率零乱，辨认不清。工程量计算表是预算的原始单据，计算时要考虑可修改和补充的余地，一般每一个分部工程计算完后，可留一部分空白。

（五）工程量的计算依据

（1）施工图纸、图集；

（2）建筑安装计价定额；

（3）施工合同、招标投标文件；

（4）经审定的施工组织设计；

（5）其他相关资料。

（六）工程量的计算步骤

（1）熟悉图纸、基数的计算。

（2）工程项目列项：根据清单计算规范或计价定额，按施工图纸把整个建筑划分到分项工程。

（3）列出分项工程量计算式：严格按图纸所注部位、尺寸、数量依据工程量计算规则列出计算式。

（4）演算计算式。

（5）整理、复核。

（6）工程量的计算顺序。工程量的计算顺序按个人习惯不同可分为按施工顺序计算、按清单或定额顺序计算、按统筹顺序计算，同一张图纸一般应先横后竖、从上到下、从左至右。可以按轴线编号顺序，也可以按构件编号分类依次进行计算。

正确的工程量计算顺序既可以节省看图时间，加快计算进度，又可以避免漏算、重复计算。

二、工程量清单的概念

工程量清单是载明建设工程分部分项工程项目、措施项目、其他项目的名称和相应数量以及规费、税金项目等内容的明细清单。

招标工程量清单是招标人依据国家标准、招标文件、设计文件以及施工现场实际情况编制的，随招标文件发布供投标报价的工程量清单，包括其说明和表格。

招标工程量清单应由具有编制能力的招标人或受其委托、具有相应资质的工程造价咨询人编制。招标工程量清单必须作为招标文件的组成部分，其准确性和完整性应由招标人负责。

招标工程量清单是工程量清单计价的基础，应作为编制招标控制价、投标报价、计算或调整工程量、索赔等的依据之一。

招标工程量清单应以单位（项）工程为单位编制，应由分部分项工程项目清单、措施项目清单、其他项目清单、规费和税金项目清单组成。

三、工程量清单的重要性

工程量清单计价的关键在于准确编制工程量清单。工程量清单是招标投标计价活动中，对招标人和投标人都具有约束力的重要文件，是编制招标标底（或招标控制价、招标最高限价）、投标报价、合同价款的调整和确定、计算工程量、支付工程款、办理结算和工程索赔的重要依据。能否编制出完整、严谨的工程量清单，将直接影响招标投标的质量，也是招标投标成败的关键。工程量清单内容体现了招标人要求投标人完成的工程项目、工程内容及相应的工程数量；为今后工程实施计量、支付、结算提供重要依据。工程量清单编制是否准确，其风险完全由业主承担，且清单内容完全构成合同内容，清单内容纠纷已经上升为经济合同纠纷。因此，《建设工程工程量清单计价规范》（GB 50500—2013）（以下简称《13 计价规范》）规定了工程量清单应由具有编制能力的招标人或受其委托、具有相应资质的工程造价咨询人编制。受委托编制工程量清单的工程造价咨询人必须具有工程造价咨询资质，并在其资质许可的范围内从事工程造价咨询活动。

四、编制招标工程量清单的依据

（1）《房屋建筑计算规范》和《13 计价规范》；
（2）国家或省级、行业建设主管部门颁发的计价定额和办法；
（3）建设工程设计文件及相关资料；
（4）与建设工程有关的标准、规范、技术资料；
（5）拟订的招标文件；
（6）施工现场情况、地勘水文资料、工程特点及常规施工方案；
（7）其他相关资料。

五、工程量清单编制的程序

（1）熟悉图纸和招标文件；
（2）了解施工现场的有关情况；
（3）划分项目，确定分部分项清单项目名称、编码（主体项目）；
（4）确定分部分项清单项目拟综合的工程内容；
（5）计算分部分项清单主体项目工程量；
（6）编制清单（分部分项工程量清单、措施项目清单、其他项目清单、规费和税金项目清单）；
（7）复核、编写总说明；
（8）装订（见标准格式）。

六、工程量清单标准格式

工程量清单应采用统一格式（正式文件）。
工程量清单格式包括以下内容：
（1）封面；
（2）总说明；
（3）分部分项工程和单价措施项目清单；
（4）总价措施项目清单；
（5）其他项目清单（暂列金额、专业工程暂估价、计日工、总包服务费）；
（6）规费、税金项目清单；
（7）甲供材料、设备单价表；
（8）材料、设备暂估单价表。

任务二 分部分项工程量清单的编制

一、任务说明

（1）清单项目列项；
（2）项目编码的填写；
（3）项目特征的描述；
（4）计量单位的确定；
（5）清单工程量的计算。

视频：分部分项工程量清单的编制

二、任务分析

（1）分部工程是单项或单位工程的组成部分，是按结构部位、路段长度及施工特点或施工任务将单项或单位工程划分为若干分部的工程；分项工程是分部工程的组成部分，是按不同施工方法、材料、工序及路段长度等将分部工程划分为若干分项或项目的工程。

（2）分部分项工程和单价措施项目工程量清单应根据《房屋建筑计算规范》附录中规定的项目编码、项目名称、项目特征、计量单位和工程量计算规则及工作内容进行编制，见表4-1。

表4-1 工程量清单

项目编码	项目名称	项目特征	计量单位	工程量计算规则	工作内容
010101001	平整场地	1. 土壤类别 2. 弃土运距 3. 取土运距	m²	按设计图示尺寸以建筑物 首层建筑面积计算	1. 土方挖填 2. 场地找平 3. 运输

（3）分部分项工程项目清单必须载明项目编码、项目名称、项目特征、计量单位和工程量，这是一个分部分项工程量清单的五个要件。这五个要件在分部分项工程量清单的组成中缺一不可。

分部分项工程和单价措施项目工程量清单表格见表4-2。

表4-2 分部分项工程和单价措施项目工程量清单表

工程名称：工程项目　　　　　　　　　标段：　　　　　　　　　第 1 页 共 1 页

序号	项目编码	项目名称	项目特征描述	计量单位	工程量	金额 / 元		
						综合单价	合价	其中 暂估价
		整个项目						
		分部小计						
		单价措施						
		分部小计						

三、任务实施

分部分项工程量清单的编制主要取决于两个方面：

一是项目的划分和项目名称的定义及内容的描述，这是分部分项工程量清单编制的难点。

二是清单项目实体工程量的计算，这是分部分项工程量清单编制的重点。

分部分项工程量清单的编制步骤如图4-1所示。

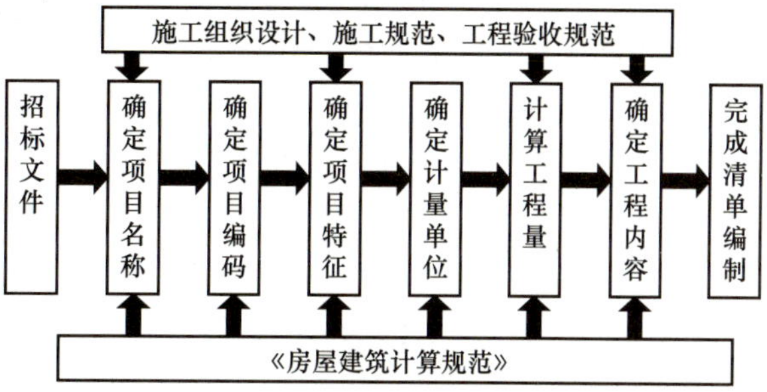

1. 确定项目名称

图4-1 分部分项工程量清单的编制步骤

编制分部分项工程量清单的关键是列出清单项目，在清单项目中明确需要体现的项目特征和项目包含的工程内容。

（1）项目的划分（列项）。分部分项工程量清单以形成"工程综合实体"项目或以主要分项工程为主来划分（实体项目中一般可以包括许多工程内容，以建筑、装饰部分居多。结构部分往往按分项工程设置），在《房屋建筑计算规范》中，按"工作内容"对工程量清单项目的设置做了明确的规定。

列项是一个从粗到细、从宏观到微观的过程。通过对建筑物进行分层、分块、分构件按清单计算规范进行工程量列项，可以达到不重项、不漏项的目的。

（2）项目划分的原则。

1）以形成工程实体为原则，这是计量的前提；

2）与消耗量定额相结合的原则；

3）便于形成综合单价的原则；

4）便于使用和以后调整的原则。

（3）项目名称的定义。项目名称原则上以形成工程实体而命名。分部分项工程量清单项目名称的设置应按《房屋建筑计算规范》中"分部分项工程量清单项目"的项目名称与项目特征，并结合拟建工程的实际（工程内容）确定。

清单中的项目名称可以和《房屋建筑计算规范》中的"项目名称"完全一致，如挖基础土方、砖基础、圈梁、块料楼地面、胶合板门等。项目名称也可以在《房屋建筑计算规范》的总框架下，根据具体情况进行重新命名，如《房屋建筑计算规范》的"块料楼地面"也可以命名为地砖地面、地砖楼面、防滑地砖楼面、陶瓷地砖地面等；如"土方回填"也可以根据回填土的位置命名为基础回填土、室内回填土、基础垫层回填土等；如"块料墙面"可以命名为外墙面砖、内墙瓷片等；如"胶合板门"也可以称为夹板门、双面夹板门等。

2. 确定项目编码

项目编码是分部分项工程和措施项目清单名称的阿拉伯数字标识。工程量清单的项目编码，应采用十二位阿拉伯数字表示，一至九位应按《房屋建筑计算规范》附录的规定设置，十至十二位应根据拟建工程的工程量清单项目名称和项目特征设置，同一招标工程的项目编码不得有重码。

十二位阿拉伯数字及其设置规定如下：

（1）一、二位为专业工程代码（01—房屋建筑与装饰工程；02—仿古建筑工程；03—通用安装工程；04—市政工程；05—园林绿化工程；06—矿山工程；07—构筑物工程；08—城市轨道交通工程；09—爆破工程。以后进入国标的专业工程代码以此类推）。

（2）三、四位为附录分类顺序码。

（3）五、六位为分部工程顺序码。

（4）七、八、九位为分项工程项目名称顺序码。

（5）十至十二位为清单项目名称顺序码。

当同一标段（或合同段）的一份工程量清单中含有多个单位工程且工程量清单是以单位工程为编制对象时，在编制工程量清单时应特别注意对项目编码十至十二位的设置不得有重码的规定。

例如，一个标段（或合同段）的工程量清单中含有 3 个单位工程，每一单位工程中都有项目特征相同的实心砖墙砌体，在工程量清单中又需反映 3 个不同单位工程的实心砖墙砌体工程量时，则第一个单位工程的实心砖墙的项目编码应为 010401003001，第二个单位工程的实心砖墙的项目编码应为 010401003002，第三个单位工程的实心砖墙的项目编码应为 010401003003，并分别列出各单位工程实心砖墙的工程量。

3. 确定项目特征

项目特征是构成分部分项工程项目、措施项目自身价值的本质特征。

工程量清单编制时，以计价规则"分部分项工程量清单项目"中的项目名称为主体，考虑该项目的规格、型号、材质等特征要求，结合拟建工程的实际情况，是其工程量项目名称具体化、细化、能够反映影响工程造价的主要因素。工程项目内容描述很重要，它是计价人计算综合单价的主要依据。描述具有唯一性，所有计价人的理解是唯一的。

（1）工程量清单项目特征描述的重要意义。

1）项目特征是区分清单项目的依据：项目特征用来表述项目的实质内容，用于区分《房屋建筑计算规范》中同一清单条目下各个具体的清单项目，是设置具体清单项目的依据。没有项目特征的准确描述，对于相同或相似的清单项目名称，就无从区别。

2）项目特征是确定综合单价的前提：由于清单的项目特征决定了工程实体的实质内容，是对项目的准确描述，必然直接决定了工程实体的自身价值。因此，项目特征描述得准确与否，直接关系到工程量清单项目综合单价的准确确定。

3）项目特征是履行合同义务的基础：实行工程量清单计价，工程量清单及综合单价是施工合同的组成部分，因此，如果工程量清单项目特征描述不清甚至漏项、错误，从而引起在施工过程中的更改，都会引起分歧，导致纠纷。

由此可见，清单项目特征的描述很重要，项目特征应根据《房屋建筑计算规范》附录中有关项目特征的要求，结合技术规范、施工图纸、标准图集，按照工程结构、使用材质及规格或安装位置等，予以详细表述和说明。项目特征的描述充分体现了设计文件和业主的要求。

（2）项目特征的描述原则。工程量清单的项目特征是确定一个清单项目综合单价不可缺少的重要依据，在编制工程量清单时，必须对项目特征进行准确和全面的描述。但有些项目特征用文字往往又难以准确和全面地描述。为达到规范、简洁、准确、全面描述项目特征的要求，在描述工程量清单项目特征时应按以下原则进行：

1）项目特征描述的内容应按《房屋建筑计算规范》附录中的规定，结合拟建工程的实际，满足确定综合单价的需要。

2）若采用标准图集或施工图纸能够全部或部分满足项目特征描述的要求，项目特征描述可直接采用详见××图集或××图号的方式。对不能满足项目特征描述要求的部分，仍应用文字描述。

（3）项目特征的描述要求。

1）必须描述的内容如下：

① 涉及正确计量计价的必须描述：如混凝土垫层厚度、地沟是否靠墙、保温层的厚度等。

② 涉及结构要求的必须描述：如混凝土强度等级（C20或C30）、砌筑砂浆的种类和强度等级（M5或M10）。

③ 涉及施工难易程度的必须描述：如抹灰的墙体类型（砖墙或混凝土墙等）、天棚类型（现浇天棚或预制天棚等），抹灰面油漆等。

④ 涉及材质要求的必须描述：如装饰材料、玻璃、油漆的品种，管材的材质（碳钢管、无缝钢管等）。

⑤ 涉及材料品种规格厚度要求的必须描述：如地砖、面砖、瓷砖的大小，抹灰砂浆的厚度和配合比等。

2）可不详细描述的内容如下：

① 无法准确描述的可不详细描述：如土壤的类别可描述为综合（对工程所在具体地点来讲，应由投标人根据地勘资料确定土壤类别，决定报价）。

② 施工图、标准图集标注明确的、用文字往往又难以准确和全面予以描述的，可不再详细描述（可直接描述为详见××图集或××图××节点）。

③ 在项目划分和项目特征描述时，为了清单项目粗细适度和便于计价，应尽量与消耗量定额相结合。例如：柱截面不一定要描述具体尺寸，可描述成柱断面周长1 800 mm以内或1 800 mm以上；钢筋不一定要描述具体规格，可描述成Φ10以内圆钢筋、Φ10以上圆钢筋、Φ10以上螺纹钢筋（HRB335级）、Φ10以上螺纹钢筋（HRB400级）；现浇板可根据厚度描述成板厚100 mm以内或100 mm以上；地砖规格也可描述成周长1 200 mm以内、2 000 mm以内和2 000 mm以上等。

3）可不描述的内容如下：

①对项目特征或计量计价没有实质影响的内容可以不描述：如混凝土柱高度、断面大小等。

②应由投标人根据施工方案确定的可不描述，如外运土的运距、外购黄土的距离等。

③应由投标人根据当地材料供应确定的可不描述，如混凝土拌合料使用的石子种类及粒径、砂子的种类等。

④应由施工措施解决的可不描述，如现浇混凝土板、梁的标高、板的厚度、混凝土墙的厚度等。

4）另外，由于《房屋建筑计算规范》中的项目特征是参考项目，因此，对规范中没有项目特征要求的少数项目，计价时需要按一定要求计量的必须描述的，应予以特别的描述。如"门窗洞口尺寸"或"框外围尺寸"是影响报价的重要因数，虽然《房屋建筑计算规范》的项目特征中没有此内容，但是编制清单时，如门窗以"樘"为计量单位，就必须描述，以便投标人准确报价。如果门窗以"m²"为计量单位，可不描述"洞口尺寸"。同样"门窗的油漆"也是如此。如《房屋建筑计算规范》中的地沟在项目特征中没有提示要描述地沟是靠墙还是不靠墙，但是实际中的靠墙地沟和不靠墙地沟差异很大，应予以特别描述。

4. 确定计量单位

分部分项工程量清单的计量单位应按《房屋建筑计算规范》附录中规定的计量单位确定。当计量单位有两个或两个以上时，应结合拟建工程项目的实际情况，选择最适合表述项目特征并方便计量的一个，同一工程项目的计量单位应一致。

5. 计算工程量

（1）工程量计算的概念是指建设工程项目以工程设计图纸、施工组织设计或施工方案及有关技术经济文件为依据，按照相关工程国家标准的计算规则、计量单位等规定，进行工程数量的计算活动，在工程建设中简称工程计量。

（2）工程量清单编制的重点是分部分项清单项目工程量的计算，工程量的计算应符合《房屋建筑计算规范》中"工程量计算规则"的规定。

（3）工程量计算规则是指对清单项目工程量计算的规定，除另有说明外，所有清单项目的工程量应以实体工程量为准，并以完成后的净值计算。

（4）工程计量时每个项目汇总的有效位数应遵守下列规定：

1）以"t"为单位，应保留小数点后三位数字，第四位小数四舍五入。

2）以"m""m²""m³""kg"为单位，应保留小数点后两位数字，第三位小数四舍五入。

3）以"个""件""根""组""系统"为单位，应取整数。

6. 确定工程内容

《房屋建筑计算规范》各项目仅列出了主要工作内容，除另有规定和说明外，应视为已经包括完成该项目所列或未列的全部工作内容。

四、任务实例

按清单计算工程量并编制工程量清单。图4-2中：某基础工程基础为MU7.5烧结普通砖砖基础，M5水泥砂浆砌筑，垫层底宽1 400 mm，挖土深度1 100 mm，基础长220 m，场地为三类土，弃土运距5 km防水砂浆防潮层（24墙、砖基础折加高度0.328 m）。

解：（1）挖沟槽土方工程量。

清单计算规则见表4-3。

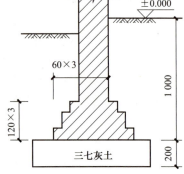

图4-2　工程基础

表4-3　工程量清单

项目编码	项目名称	项目特征描述	计量单位	工程量计算规则	工作内容
010101003	挖沟槽土方	1. 土壤类别 2. 挖土深度 3. 弃土运距	m³	按设计图示尺寸以基础垫层底面积乘以挖土深度计算	1. 排地表水 2. 土方开挖 3. 围护（挡土板）及拆除 4. 基底钎探 5. 运输
010401001	砖基础	1. 砖品种、规格、强度等级 2. 基础类型 3. 砂浆强度等级 4. 防潮层材料种类	m³	按设计图示尺寸以体积计算 基础长度：外墙按外墙中心线，内墙按内墙净长线计算	1. 砂浆制作、运输 2. 砌砖 3. 防潮层铺设 4. 材料运输

挖沟槽清单工程量按设计图示尺寸以基础垫层底面积乘以挖土深度计算。

垫层底宽 × 基础长 × 挖土深度

$= 1.4 \times 220 \times 1.1$

$= 338.8 (\text{m}^3)$

（2）砖基础工程量。

按表4-3的清单计算规则：

砖基础清单工程量按设计图示尺寸以体积计算。

基础墙宽 × （基础高＋折加高）× 基础长

$= 0.24 \times (1 + 0.328) \times 220$

$= 70.12 (\text{m}^3)$

清单见表4-4。

表4-4 清单表

项目编码	项目名称	项目特征	计量单位	工程量
010101003001	挖沟槽土方	1. 土壤类别：三类土 2. 挖土深度：1.1 m 3. 弃土运距：5 km	m³	338.8
010401001001	砖基础	1. 砖品种、规格、强度等级：MU7.5 烧结普通砖 2. 基础类型：条形砖基础 3. 砂浆强度等级：M5 水泥砂浆 4. 防潮层材料种类：防水砂浆防潮层	m³	70.12

五、分部分项清单规范

1. 土方工程

土方工程工程量清单项目设置、项目特征描述的内容、计量单位及工程量计算规则，应按表4-5、表4-6的规定执行。

表4-5 土方工程（编码：010101）

项目编码	项目名称	项目特征	计量单位	工程量计算规则	工作内容
010101001	平整场地	1. 土壤类别 2. 弃土运距 3. 取土运距	m²	按设计图示尺寸以建筑物首层建筑面积计算	1. 土方挖填 2. 场地找平 3. 运输
010101002	挖一般土方	1. 土壤类别 2. 挖土深度 3. 弃土运距	m³	按设计图示尺寸以体积计算	1. 排地表水 2. 土方开挖 3. 围护（挡土板）及拆除 4. 基底钎探 5. 运输
010101003	挖沟槽土方			按设计图示尺寸以基础垫层底面积乘以挖土深度计算	
010101004	挖基坑土方				
010101005	冻土开挖	1. 冻土厚度 2. 弃土运距		按设计图示尺寸开挖面积乘厚度以体积计算	1. 爆破 2. 开挖 3. 清理 4. 运输
010101006	挖淤泥、流砂	1. 挖掘深度 2. 弃淤泥、流砂距离		按设计图示位置、界限以体积计算	1. 开挖 2. 运输

表 4-6　回填（编码：010103）

项目编码	项目名称	项目特征	计量单位	工程量计算规则	工作内容
010103001	回填方	1. 密实度要求 2. 填方材料品种 3. 填方粒径要求 4. 填方来源、运距	m³	按设计图示尺寸以体积计算 　1. 场地回填：回填面积乘平均回填厚度 　2. 室内回填：主墙间面积乘回填厚度，不扣除间隔墙 　3. 基础回填：按挖方清单项目工程量减去自然地坪以下埋设的基础体积（包括基础垫层及其他构筑物）	1. 运输 2. 回填 3. 压实
010103002	余方弃置	1. 废弃料品种 2. 运距		按挖方清单项目工程量减利用回填方体积（正数）计算	余方点装料运输至弃置点

2. 桩

桩基础工程量清单项目设置、项目特征描述的内容、计量单位及工程量计算规则，应按表 4-7、表 4-8 的规定执行。

表 4-7　打桩（编码：010301）

项目编码	项目名称	项目特征	计量单位	工程量计算规则	工作内容
010301001	预制钢筋混凝土方桩	1. 地层情况 2. 送桩深度、桩长 3. 桩截面 4. 桩倾斜度 5. 沉桩方法 6. 接桩方式 7. 混凝土强度等级	1. m 2. m³ 3. 根	1. 以米计量，按设计图示尺寸以桩长（包括桩尖）计算 2. 以立方米计量，按设计图示截面面积乘以桩长（包括桩尖）以实体积计算 3. 以根计量，按设计图示数量计算	1. 工作平台搭拆 2. 桩机竖拆、移位 3. 沉桩 4. 接桩 5. 送桩
010301002	预制钢筋混凝土管桩	1. 地层情况 2. 送桩深度、桩长 3. 桩外径、壁厚 4. 桩倾斜度 5. 沉桩方法 6. 桩尖类型 7. 混凝土强度等级 8. 填充材料种类 9. 防护材料种类			1. 工作平台搭拆 2. 桩机竖拆、移位 3. 沉桩 4. 接桩 5. 送桩 6. 桩尖制作安装 7. 填充材料、刷防护材料
010301003	钢管桩	1. 地层情况 2. 送桩深度、桩长 3. 材质 4. 管径、壁厚 5. 桩倾斜度 6. 沉桩方法 7. 填充材料种类 8. 防护材料种类	1. t 2. 根	1. 以吨计量，按设计图示尺寸以质量计算 2. 以根计量，按设计图示数量计算	1. 工作平台搭拆 2. 桩机竖拆、移位 3. 沉桩 4. 接桩 5. 送桩 6. 切割钢管、精割盖帽 7. 管内取土 8. 填充材料、刷防护材料

项目编码	项目名称	项目特征	计量单位	工程量计算规则	工作内容
010301004	截（凿）桩头	1. 桩类型 2. 桩头截面、高度 3. 混凝土强度等级 4. 有无钢筋	1. m³ 2. 根	1. 以立方米计量，按设计桩截面乘以桩头长度以体积计算 2. 以根计量，按设计图示数量计算	1. 截（切割）桩头 2. 凿平 3. 废料外运

表 4-8　灌注桩（编码：010302）

项目编码	项目名称	项目特征	计量单位	工程量计算规则	工作内容
010302001	泥浆护壁成孔灌注桩	1. 地层情况 2. 空桩长度、桩长 3. 桩径 4. 成孔方法 5. 护筒类型、长度 6. 混凝土种类、强度等级	1. m 2. m³ 3. 根	1. 以米计量，按设计图示尺寸以桩长（包括桩尖）计算 2. 以立方米计量，按不同截面在桩上范围内以体积计算 3. 以根计量，按设计图示数量计算	1. 护筒埋设 2. 成孔、固壁 3. 混凝土制作、运输、灌注、养护 4. 土方、废泥浆外运 5. 打桩场地硬化及泥浆池、泥浆沟
010302002	沉管灌注桩	1. 地层情况 2. 空桩长度、桩长 3. 复打长度 4. 桩径 5. 沉管方法 6. 桩尖类型 7. 混凝土种类、强度等级			1. 打（沉）拔钢管 2. 桩尖制作、安装 3. 混凝土制作、运输、灌注、养护

3. 砌体

砌体工程量清单项目设置、项目特征描述的内容、计量单位及工程量计算规则，应按表 4-9 ～表 4-11 的规定执行。

表 4-9　砖砌体（编码：010401）

项目编码	项目名称	项目特征	计量单位	工程量计算规则	工作内容
010401001	砖基础	1. 砖品种、规格、强度等级 2. 基础类型 3. 砂浆强度等级 4. 防潮层材料种类	m³	按设计图示尺寸以体积计算。包括附墙垛基础宽出部分体积，扣除地梁（圈梁）、构造柱所占体积，不扣除基础大放脚T形接头处的重叠部分及嵌入基础内的钢筋、铁件、管道、基础砂浆防潮层和单个面积≤0.3 m²的孔洞所占体积，靠墙暖气沟的挑檐不增加。基础长度：外墙按外墙中心线，内墙按内墙净长线计算	1. 砂浆制作、运输 2. 砌砖 3. 防潮层铺设 4. 材料运输

项目编码	项目名称	项目特征	计量单位	工程量计算规则	工作内容
010401003	实心砖墙	1. 砖品种、规格、强度等级 2. 墙体类型 3. 砂浆强度等级、配合比		按设计图示尺寸以体积计算。扣除门窗、洞口、嵌入墙内的钢筋混凝土柱、梁、圈梁、挑梁、过梁及凹进墙内的壁龛、管槽、暖气槽、消火栓箱所占体积，不扣除梁头、板头、檩头、垫木、木楞头、沿缘木、木砖、门窗走头、砖墙内加固钢筋、木筋、铁件、钢管及单个面积 ≤ 0.3 m² 的孔洞所占的体积。凸出墙面的腰线、挑檐、压顶、窗台线、虎头砖、门窗套的体积也不增加。凸出墙面的砖垛并入墙体体积内计算 1. 墙长度：外墙按中心线、内墙按净长计算 2. 墙高度： （1）外墙：斜（坡）屋面无檐口天棚者算至屋面板底；有屋架且室内外均有天棚者算至屋架下弦底另加 200 mm；无天棚者算至屋架下弦底另加 300 mm，出檐宽度超过 600 mm 时按实砌高度计算；与钢筋混凝土楼板隔层者算至板顶。平屋顶算至钢筋混凝土板底 （2）内墙：位于屋架下弦者，算至屋架下弦底；无屋架者算至天棚底另加 100 mm；有钢筋混凝土楼板隔层者算至楼板顶；有框架梁时算至梁底 （3）女儿墙：从屋面板上表面算至女儿墙顶面（如有混凝土压顶时算至压顶下表面） （4）内、外山墙：按其平均高度计算 3. 框架间墙：不分内外墙按墙体净尺寸以体积计算 4. 围墙：高度算至压顶上表面（如有混凝土压顶时算至压顶下表面），围墙柱并入围墙体积内	1. 砂浆制作、运输 2. 砌砖 3. 刮缝 4. 砖压顶砌筑 5. 材料运输
010401004	多孔砖墙				
010401005	空心砖墙				
010401012	零星砌砖	1. 零星砌砖名称、部位 2. 砖品种、规格、强度等级 3. 砂浆强度等级、配合比	1. m³ 2. m² 3. m 4. 个	1. 以立方米计量，按设计图示尺寸截面面积乘以长度计算 2. 以平方米计量，按设计图示尺寸水平投影面积计算 3. 以米计量，按设计图示尺寸长度计算 4. 以个计量，按设计图示数量计算	1. 砂浆制作、运输 2. 砌砖 3. 刮缝 4. 材料运输

表 4-10 砌块砌体（编码：010402）

项目编码	项目名称	项目特征	计量单位	工程量计算规则	工作内容
010402001	砌块墙	1. 砌块品种、规格、强度等级 2. 墙体类型 3. 砂浆强度等级	m³	按设计图示尺寸以体积计算。扣除门窗、洞口、嵌入墙内的钢筋混凝土柱、梁、圈梁、挑梁、过梁及凹进墙内的壁龛、管槽、暖气槽、消火栓箱所占体积，不扣除梁头、板头、檩头、垫木、木楞头、沿缘木、木砖、门窗走头、砌块墙内加固钢筋、木筋、铁件、钢管及单个面积 ≤ 0.3 m² 的孔洞所占的体积。凸出墙面的腰线、挑檐、压顶、窗台线、虎头砖、门窗套的体积也不增加。凸出墙面的砖垛并入墙体体积内计算 　1. 墙长度：外墙按中心线、内墙按净长计算 　2. 墙高度： 　（1）外墙：斜（坡）屋面无檐口天棚者算至屋面板底；有屋架且室内外均有天棚者算至屋架下弦底另加 200 mm；无天棚者算至屋架下弦底另加 300 mm，出檐宽度超过 600 mm 时按实砌高度计算；与钢筋混凝土楼板隔层者算至板顶；平屋顶算至钢筋混凝土板底 　（2）内墙：位于屋架下弦者，算至屋架下弦底；无屋架者算至天棚底另加 100 mm；有钢筋混凝土楼板隔层者算至楼板顶；有框架梁时算至梁底 　（3）女儿墙：从屋面板上表面算至女儿墙顶面（如有混凝土压顶时算至压顶下表面） 　（4）内、外山墙：按其平均高度计算 　3. 框架间墙：不分内外墙按墙体净尺寸以体积计算 　4. 围墙：高度算至压顶上表面（如有混凝土压顶时算至压顶下表面），围墙柱并入围墙体积内	1. 砂浆制作、运输 2. 砌砖、砌块 3. 勾缝 4. 材料运输

表 4-11 垫层（编码：010404）

项目编码	项目名称	项目特征描述	计量单位	工程量计算规则	工作内容
010104001	垫层	垫层材料、种类、配合比、厚度	m³	按设计图示尺寸以立方米计算	1. 垫层材料的拌制 2. 垫层铺设 3. 材料运输

4. 基础及构件

基础及构件工程量清单项目设置、项目特征描述的内容、计量单位及工程量计算规则，应按表 4-12 ～表 4-20 的规定执行。

表 4-12　现浇混凝土基础（编码：010501）

项目编码	项目名称	项目特征	计量单位	工程量计算规则	工作内容
010501001	垫层	1. 混凝土种类 2. 混凝土强度等级	m³	按设计图示尺寸以体积计算。不扣除伸入承台基础的桩头所占体积	1. 模板及支撑制作、安装、拆除、堆放、运输及清理模内杂物、刷隔离剂等 2. 混凝土制作、运输、浇筑、振捣、养护
010501002	带形基础				
010501003	独立基础				
010501004	满堂基础				
010501005	桩承台基础				

表 4-13　现浇混凝土柱（编码：010502）

项目编码	项目名称	项目特征	计量单位	工程量计算规则	工作内容
010502001	矩形柱	1. 混凝土种类 2. 混凝土强度等级	m³	按设计图示尺寸以体积计算 柱高： 1. 有梁板的柱高，应自柱基上表面（或楼板上表面）至上一层楼板上表面之间的高度计算 2. 无梁板的柱高，应自柱基上表面（或楼板上表面）至柱帽下表面之间的高度计算 3. 框架柱的柱高，应自柱基上表面至柱顶高度计算 4. 构造柱按全高计算，嵌接墙体部分（马牙槎）并入柱身体积 5. 依附柱上的牛腿和升板的柱帽，并入柱身体积计算	1. 模板及支架（撑）制作、安装、拆除、堆放、运输及清理模内杂物、刷隔离剂等 2. 混凝土制作、运输、浇筑、振捣、养护
010502002	构造柱				
010502003	异形柱	1. 柱形状 2. 混凝土种类 3. 混凝土强度等级			

表 4-14　现浇混凝土梁（编码：010503）

项目编码	项目名称	项目特征	计量单位	工程量计算规则	工作内容
010503001	基础梁	1. 混凝土种类 2. 混凝土强度等级	m³	按设计图示尺寸以体积计算。伸入墙内的梁头、梁垫并入梁体积内 梁长： 1. 梁与柱连接时，梁长算至柱侧面 2. 主梁与次梁连接时，次梁长算至主梁侧面	1. 模板及支架（撑）制作、安装、拆除、堆放、运输及清理模内杂物、刷隔离剂等 2. 混凝土制作、运输、浇筑、振捣、养护
010503002	矩形梁				
010503003	异形梁				
010503004	圈梁				
010503005	过梁				
010503006	弧形、拱形梁				

表 4-15　现浇混凝土墙（编码：010504）

项目编码	项目名称	项目特征	计量单位	工程量计算规则	工作内容
010504001	直形墙	1. 混凝土种类 2. 混凝土强度等级	m³	按设计图示尺寸以体积计算 扣除门窗洞口及单个面积 > 0.3 m² 的孔洞所占体积，墙垛及突出墙面部分并入墙体体积内计算	1. 模板及支架（撑）制作、安装、拆除、堆放、运输及清理模内杂物、刷隔离剂等 2. 混凝土制作、运输、浇筑、振捣、养护
010504002	弧形墙				
010504003	短肢剪力墙				
010504004	挡土墙				

注：短肢剪力墙是指截面厚度不大于 300 mm、各肢截面高度与厚度之比的最大值大于 4 但不大于 8 的剪力墙；各肢截面高度与厚度之比的最大值不大于 4 的剪力墙按柱项目编码列项

表 4-16　现浇混凝土板（编码：010505）

项目编码	项目名称	项目特征	计量单位	工程量计算规则	工作内容
010505001	有梁板	1. 混凝土种类 2. 混凝土强度等级	m³	按设计图示尺寸以体积计算，不扣除单个面积 ≤ 0.3 m² 的柱、垛以及孔洞所占体积 压型钢板混凝土楼板扣除构件内压型钢板所占体积 有梁板（包括主、次梁与板）按梁、板体积之和计算，无梁板按板和柱帽体积之和计算，各类板伸入墙内的板头并入板体积内，薄壳板的肋、基梁并入薄壳体积内计算	1. 模板及支架（撑）制作、安装、拆除、堆放、运输及清理模内杂物、刷隔离剂等 2. 混凝土制作、运输、浇筑、振捣、养护
010505002	无梁板				
010505003	平板				
010505004	拱板				
010505005	薄壳板				
010505006	栏板				
010505007	天沟（檐沟）、挑檐板			按设计图示尺寸以体积计算	
010505008	雨篷、悬挑板、阳台板			按设计图示尺寸以墙外部分体积计算。包括伸出墙外的牛腿和雨篷反挑檐的体积	
010505009	空心板			按设计图示尺寸以体积计算。空心板（GBF 高强薄壁蜂巢芯板等）应扣除空心部分体积	
010505010	其他板			按设计图示尺寸以体积计算	

注：现浇挑檐、天沟板、雨篷、阳台与板（包括屋面板、楼板）连接时，以外墙外边线为分界线；与圈梁（包括其他梁）连接时，以梁外边线为分界线。外边线以外为挑檐、天沟、雨篷或阳台

表 4-17　现浇混凝土楼梯（编码：010506）

项目编码	项目名称	项目特征	计量单位	工程量计算规则	工作内容
010506001	直形楼梯	1. 混凝土种类 2. 混凝土强度等级	1. m² 2. m³	1. 以平方米计量，按设计图示尺寸以水平投影面积计算。不扣除宽度≤500 mm的楼梯井，伸入墙内部分不计算 2. 以立方米计量，按设计图示尺寸以体积计算	1. 模板及支架（撑）制作、安装、拆除、堆放、运输及清理模内杂物、刷隔离剂等 2. 混凝土制作、运输、浇筑、振捣、养护
010506002	弧形楼梯				
注：整体楼梯（包括直形楼梯、弧形楼梯）水平投影面积包括休息平台、平台梁、斜梁和楼梯的连接梁。当整体楼梯与现浇楼板无梯梁连接时，以楼梯的最后一个踏步边缘加300 mm为界					

表 4-18　现浇混凝土其他构件（编码：010507）

项目编码	项目名称	项目特征	计量单位	工程量计算规则	工作内容
010507001	散水、坡道	1. 垫层材料种类、厚度 2. 面层厚度 3. 混凝土种类 4. 混凝土强度等级 5. 变形缝填塞材料种类	m²	按设计图示尺寸以水平投影面积计算。不扣除单个≤0.3 m²的孔洞所占面积	1. 地基夯实 2. 铺设垫层 3. 模板及支撑制作、安装、拆除、堆放、运输及清理模内杂物、刷隔离剂等 4. 混凝土制作、运输、浇筑、振捣、养护 5. 变形缝填塞
010507004	台阶	1. 踏步高、宽 2. 混凝土种类 3. 混凝土强度等级	1. m² 2. m³	1. 以平方米计量，按设计图示尺寸水平投影面积计算 2. 以立方米计量，按设计图示尺寸以体积计算	1. 模板及支撑制作、安装、拆除、堆放、运输及清理模内杂物、刷隔离剂等 2. 混凝土制作、运输、浇筑、振捣、养护

表 4-19　后浇带（编码：010508）

项目编码	项目名称	项目特征描述	计量单位	工程量计算规则	工作内容
010508001	后浇带	1. 混凝土种类 2. 混凝土强度等级	m³	按设计图示尺寸以体积计算	1. 模板及支架（撑）制作、安装、拆除、堆放、运输及清理模内杂物、刷隔离剂等 2. 混凝土制作、运输、浇筑、振捣、养护及混凝土交接面、钢筋等的清理

表 4-20　钢筋工程（编码：010515）

项目编码	项目名称	项目特征	计量单位	工程量计算规则	工作内容
010515001	现浇构件钢筋	钢筋种类、规格	t	按设计图示钢筋（网）长度（面积）乘单位理论质量计算	1. 钢筋制作、运输 2. 钢筋安装 3. 焊接（绑扎）
010515002	预制构件钢筋				
010515003	钢筋网片				1. 钢筋网制作、运输 2. 钢筋网安装 3. 焊接（绑扎）
010515004	钢筋笼				1. 钢筋笼制作、运输 2. 钢筋笼安装 3. 焊接（绑扎）
010515005	先张法预应力钢筋	1. 钢筋种类、规格 2. 锚具种类		按设计图示钢筋长度乘单位理论质量计算	1. 钢筋制作、运输 2. 钢筋张拉

5. 装饰工程

装饰工程工程量清单项目设置、项目特征描述的内容、计量单位及工程量计算规则，应按表 4-21 ～表 4-42 的规定执行。

表 4-21　木门（编码：010801）

项目编码	项目名称	项目特征	计量单位	工程量计算规则	工作内容
010801001	木质门	1. 门代号及洞口尺寸 2. 镶嵌玻璃品种、厚度	1. 樘 2. m²	1. 以樘计量，按设计图示数量计算 2. 以平方米计量，按设计图示洞口尺寸以面积计算	1. 门安装 2. 玻璃安装 3. 五金安装
010801004	木质防火门				

表 4-22　金属门（编码：010802）

项目编码	项目名称	项目特征	计量单位	工程量计算规则	工作内容
010802001	金属（塑钢）门	1. 门代号及洞口尺寸 2. 门框或扇外围尺寸 3. 门框、扇材质 4. 玻璃品种、厚度	1. 樘 2. m²	1. 以樘计量，按设计图示数量计算 2. 以平方米计量，按设计图示洞口尺寸以面积计算	1. 门安装 2. 五金安装 3. 玻璃安装
010802003	钢质防火门	1. 门代号及洞口尺寸 2. 门框或扇外围尺寸 3. 门框、扇材质			

表 4-23　金属卷帘（闸）门（编码：010803）

项目编码	项目名称	项目特征	计量单位	工程量计算规则	工作内容
010803001	金属卷帘（闸）门	1. 门代号及洞口尺寸 2. 门材质 3. 启动装置品种、规格	1. 樘 2. m²	1. 以樘计量，按设计图示数量计算 2. 以平方米计量，按设计图示洞口尺寸以面积计算	1. 门运输、安装 2. 启动装置、活动小门、五金安装
010803002	防火卷帘（闸）门				

注：工程计量，项目特征必须描述洞口尺寸；以平方米计量，项目特征可不描述洞口尺寸

表 4-24　木窗（编码：010806）

项目编码	项目名称	项目特征	计量单位	工程量计算规则	工作内容
010806001	木质窗	1. 窗代号及洞口尺寸 2. 玻璃品种、厚度	1. 樘 2. m²	1. 以樘计量，按设计图示数量计算 2. 以平方米计量，按设计图示洞口尺寸以面积计算	1. 窗安装 2. 五金、玻璃安装
010806002	木飘（凸）窗			1. 以樘计量，按设计图示数量计算 2. 以平方米计量，按设计图示尺寸以框外围展开面积计算	1. 窗制作运输、安装 2. 五金、玻璃安装 3. 刷防护材料

表 4-25　金属窗（编码：010807）

项目编码	项目名称	项目特征	计量单位	工程量计算规则	工作内容
010807001	金属（塑钢、断桥）窗	1. 窗代号及洞口尺寸 2. 框、扇材质 3. 玻璃品种、厚度	1. 樘 2. m²	1. 以樘计量，按设计图示数量计算 2. 以平方米计量，按设计图示洞口尺寸以面积计算	1. 窗安装 2. 五金、玻璃安装
010807002	金属防火窗				

表 4-26　瓦、型材及其他屋面（编码：010901）

项目编码	项目名称	项目特征	计量单位	工程量计算规则	工作内容
010901001	瓦屋面	1. 瓦品种、规格 2. 粘结层砂浆的配合比	m²	按设计图示尺寸以斜面积计算。不扣除房上烟囱、风帽底座、风道、小气窗、斜沟等所占面积。小气窗的出檐部分不增加面积	1. 砂浆制作、运输、摊铺、养护 2. 安瓦、做瓦脊
010901002	型材屋面	1. 型材品种、规格 2. 金属檩条材料品种、规格 3. 接缝、嵌缝材料种类			1. 檩条制作、运输、安装 2. 屋面型材安装 3. 接缝、嵌缝

表 4-27 屋面防水及其他（编码：010902）

项目编码	项目名称	项目特征	计量单位	工程量计算规则	工作内容
010902001	屋面卷材防水	1. 卷材品种、规格、厚度 2. 防水层数 3. 防水层做法	m²	按设计图示尺寸以面积计算 1. 斜屋顶（不包括平屋顶找坡）按斜面积计算，平屋顶按水平投影面积计算 2. 不扣除房上烟囱、风帽底座、风道、屋面小气窗和斜沟所占面积 3. 屋面的女儿墙、伸缩缝和天窗等处的弯起部分，并入屋面工程量内	1. 基层处理 2. 刷底油 3. 铺油毡卷材、接缝
010902002	屋面涂膜防水	1. 防水膜品种 2. 涂膜厚度、遍数 3. 增强材料种类			1. 基层处理 2. 刷基层处理剂 3. 铺布、喷涂防水层
010902004	屋面排水管	1. 排水管品种、规格 2. 排水斗、山墙出水口品种、规格 3. 接口、嵌缝材料种类 4. 油漆品种、刷漆遍数	m	按设计图示尺寸以长度计算。如设计未标注尺寸，以檐口至设计室外散水上表面垂直距离计算	1. 排水管及配件安装、固定 2. 雨水斗、山墙出水口、雨水箅子安装 3. 接缝、嵌缝 4. 刷漆

表 4-28 墙面防水、防潮（编码：010903）

项目编码	项目名称	项目特征	计量单位	工程量计算规则	工作内容
010903001	墙面卷材防水	1. 卷材品种、规格、厚度 2. 防水层数 3. 防水层做法	m²	按设计图示尺寸以面积计算	1. 基层处理 2. 刷粘结剂 3. 铺防水卷材 4. 接缝、嵌缝
010903002	墙面涂膜防水	1. 防水膜品种 2. 涂膜厚度、遍数 3. 增强材料种类			1. 基层处理 2. 刷基层处理剂 3. 铺布、喷涂防水层

表 4-29　楼（地）面防水、防潮（编码：010904）

项目编码	项目名称	项目特征	计量单位	工程量计算规则	工作内容
010904001	楼（地）面卷材防水	1. 卷材品种、规格、厚度 2. 防水层数 3. 防水层做法 4. 反边高度	m²	按设计图示尺寸以面积计算 1. 楼（地）面防水：按主墙间净空面积计算，扣除凸出地面的构筑物、设备基础等所占面积，不扣除间壁墙及单个面积 ≤ 0.3 m² 柱、垛、烟囱和孔洞所占面积 2. 楼（地）面防水反边高度 ≤ 300 mm 算作地面防水，反边高度 > 300 mm 按墙面防水计算	1. 基层处理 2. 刷粘结剂 3. 铺防水卷材 4. 接缝、嵌缝
010904002	楼（地）面涂膜防水	1. 防水膜品种 2. 涂膜厚度、遍数 3. 增强材料种类 4. 反边高度			1. 基层处理 2. 刷基层处理剂 3. 铺布、喷涂防水层
010904003	楼（地）面砂浆防水（防潮）	1. 防水层做法 2. 砂浆厚度、配合比 3. 反边高度			1. 基层处理 2. 砂浆制作、运输、摊铺、养护
010904004	楼（地）面变形缝	1. 嵌缝材料种类 2. 止水带材料种类 3. 盖缝材料 4. 防护材料种类	m	按设计图示以长度计算	1. 清缝 2. 填塞防水材料 3. 止水带安装 4. 盖缝制作、安装 5. 刷防护材料

注：1. 楼（地）面防水找平层按《房屋建筑计算规范》附录 L 楼地面装饰工程"平面砂浆找平层"项目编码列项。

2. 楼（地）面防水搭接及附加层用量不另行计算，在综合单价中考虑

表 4-30　保温、隔热（编码：011001）

项目编码	项目名称	项目特征	计量单位	工程量计算规则	工作内容
011001001	保温隔热屋面	1. 保温隔热材料品种、规格、厚度 2. 隔气层材料品种、厚度 3. 粘结材料种类、做法 4. 防护材料种类、做法	m²	按设计图示尺寸以面积计算。扣除面积 > 0.3 m² 孔洞及占位面积	1. 基层清理 2. 刷粘结材料 3. 铺粘保温层 4. 铺、刷（喷）防护材料
011001003	保温隔热墙面	1. 保温隔热部位 2. 保温隔热方式 3. 踢脚线、勒脚线保温做法 4. 龙骨材料品种、规格 5. 保温隔热面层材料品种、规格、性能 6. 保温隔热材料品种、规格及厚度 7. 增强网及抗裂防水砂浆种类 8. 粘结材料种类及做法 9. 防护材料种类及做法	m²	按设计图示尺寸以面积计算。扣除门窗洞口以及面积 > 0.3 m² 梁、孔洞所占面积；门窗洞口侧壁以及与墙相连的柱，并入保温墙体工程量内	1. 基层清理 2. 刷界面剂 3. 安装龙骨 4. 填贴保温材料 5. 保温板安装 6. 粘贴面层 7. 铺设增强格网、抹抗裂、防水砂浆面层 8. 嵌缝 9. 铺、刷（喷）防护材料

项目编码	项目名称	项目特征	计量单位	工程量计算规则	工作内容
011001005	保温隔热楼地面	1. 保温隔热部位 2. 保温隔热材料品种、规格、厚度 3. 隔气层材料品种、厚度 4. 粘结材料种类、做法 5. 防护材料种类、做法	m²	按设计图示尺寸以面积计算。扣除面积＞0.3 m²柱、垛、孔洞等所占面积。门洞、空圈、暖气包槽、壁龛的开口部分不增加面积	1. 基层清理 2. 刷粘结材料 3. 铺粘保温层 4. 铺、刷（喷）防护材料
011001006	其他保温隔热	1. 保温隔热部位 2. 保温隔热方式 3. 隔气层材料品种、厚度 4. 保温隔热面层材料品种、规格、性能 5. 保温隔热材料品种、规格及厚度 6. 粘结材料种类及做法 7. 增强网及抗裂防水砂浆种类 8. 防护材料种类及做法		按设计图示尺寸以展开面积计算。扣除面积＞0.3 m²孔洞及占位面积	1. 基层清理 2. 刷界面剂 3. 安装龙骨 4. 填贴保温材料 5. 保温板安装 6. 粘贴面层 7. 铺设增强格网、抹抗裂防水砂浆面层 8. 嵌缝 9. 铺、刷（喷）防护材料

表 4-31　整体面层及找平层（编码：011101）

项目编码	项目名称	项目特征	计量单位	工程量计算规则	工作内容
011101001	水泥砂浆楼地面	1. 找平层厚度、砂浆配合比 2. 素水泥浆遍数 3. 面层厚度、砂浆配合比 4. 面层做法要求	m²	按设计图示尺寸以面积计算。扣除凸出地面构筑物、设备基础、室内铁道、地沟等所占面积，不扣除间壁墙及≤0.3 m²柱、垛、附墙烟囱及孔洞所占面积。门洞、空圈、暖气包槽、壁龛的开口部分不增加面积	1. 基层清理 2. 抹找平层 3. 抹面层 4. 材料运输
01110102	现浇水磨石楼地面	1. 找平层厚度、砂浆配合比 2. 面层厚度、水泥石子浆配合比 3. 嵌条材料种类、规格 4. 石子种类、规格、颜色 5. 颜料种类、颜色 6. 图案要求 7. 磨光、酸洗、打蜡要求			1. 基层清理 2. 抹找平层 3. 面层铺设 4. 嵌缝条安装 5. 磨光、酸洗打蜡 6. 材料运输

表 4-32 块料面层（编码：011102）

项目编码	项目名称	项目特征	计量单位	工程量计算规则	工作内容
011102001	石材楼地面	1. 找平层厚度、砂浆配合比 2. 结合层厚度、砂浆配合比 3. 面层材料品种、规格、颜色 4. 嵌缝材料种类 5. 防护层材料种类 6. 酸洗、打蜡要求	m²	按设计图示尺寸以面积计算。门洞、空圈、暖气包槽、壁龛的开口部分并入相应的工程量内	1. 基层清理 2. 抹找平层 3. 面层铺设、磨边 4. 嵌缝 5. 刷防护材料 6. 酸洗、打蜡 7. 材料运输
011102003	块料楼地面				

表 4-33 踢脚线（编码：011105）

项目编码	项目名称	项目特征	计量单位	工程量计算规则	工作内容
011105001	水泥砂浆踢脚线	1. 踢脚线高度 2. 底层厚度、砂浆配合比 3. 面层厚度、砂浆配合比	1. m² 2. m	1. 以平方米计量，按设计图示长度乘高度以面积计算 2. 以米计量，按延长米计算	1. 基层清理 2. 底层和面层抹灰 3. 材料运输
011105002	石材踢脚线	1. 踢脚线高度 2. 粘贴层厚度、材料种类 3. 面层材料品种、规格、颜色 4. 防护材料种类			1. 基层清理 2. 底层抹灰 3. 面层铺贴、磨边 4. 擦缝 5. 磨光、酸洗、打蜡 6. 刷防护材料 7. 材料运输
011105003	块料踢脚线				

表 4-34 楼梯面层（编码：011106）

项目编码	项目名称	项目特征	计量单位	工程量计算规则	工作内容
011106001	石材楼梯面层	1. 找平层厚度、砂浆配合比 2. 粘结层厚度、材料种类 3. 面层材料品种、规格、颜色 4. 防滑条材料种类、规格 5. 勾缝材料种类 6. 防护材料种类 7. 酸洗、打蜡要求	m²	按设计图示尺寸以楼梯（包括踏步、休息平台及≤500 mm的楼梯井）水平投影面积计算。楼梯与楼地面相连时，算至梯口梁内侧边沿；无梯口梁者，算至最上一层踏步边沿加300 mm	1. 基层清理 2. 抹找平层 3. 面层铺贴、磨边 4. 贴嵌防滑条 5. 勾缝 6. 刷防护材料 7. 酸洗、打蜡 8. 材料运输
011106002	块料楼梯面层				
011106004	水泥砂浆楼梯面层	1. 找平层厚度、砂浆配合比 2. 面层厚度、砂浆配合比 3. 防滑条材料种类、规格			1. 基层清理 2. 抹找平层 3. 抹面层 4. 抹防滑条 5. 材料运输

表 4-35　台阶装饰（编码：011107）

项目编码	项目名称	项目特征	计量单位	工程量计算规则	工作内容
011107001	石材台阶面	1. 找平层厚度、砂浆配合比 2. 粘结材料种类 3. 面层材料品种、规格、颜色 4. 勾缝材料种类 5. 防滑条材料种类、规格 6. 防护材料种类	m²	按设计图示尺寸以台阶（包括最上层踏步边沿加300mm）水平投影面积计算	1. 基层清理 2. 抹找平层 3. 面层铺贴 4. 贴嵌防滑条 5. 勾缝 6. 刷防护材料 7. 材料运输
011107002	块料台阶面				
011107003	拼碎块料台阶面				
011107004	水泥砂浆台阶面	1. 找平层厚度、砂浆配合比 2. 面层厚度、砂浆配合比 3. 防滑条材料种类			1. 基层清理 2. 抹找平层 3. 抹面层 4. 抹防滑条 5. 材料运输
011107005	现浇水磨石台阶面	1. 找平层厚度、砂浆配合比 2. 面层厚度、水泥石子浆配合比 3. 防滑条材料种类、规格 4. 石子种类、规格、颜色 5. 颜料种类、颜色 6. 磨光、酸洗、打蜡要求			1. 清理基层 2. 抹找平层 3. 抹面层 4. 贴嵌防滑条 5. 打磨、酸洗、打蜡 6. 材料运输
011107006	剁假石台阶面	1. 找平层厚度、砂浆配合比 2. 面层厚度、砂浆配合比 3. 剁假石要求			1. 清理基层 2. 抹找平层 3. 抹面层 4. 剁假石 5. 材料运输

注：1. 在描述碎石材项目的面层材料特征时可不用描述规格、颜色。
2. 石材、块料与粘结材料的结合面刷防渗材料的种类在防护材料种类中描述

表 4-36　零星装饰项目（编码：011108）

项目编码	项目名称	项目特征	计量单位	工程量计算规则	工作内容
011108001	石材零星项目	1. 工程部位 2. 找平层厚度、砂浆配合比 3. 贴结合层厚度、材料种类 4. 面层材料品种、规格、颜色 5. 勾缝材料种类 6. 防护材料种类 7. 酸洗、打蜡要求	m²	按设计图示尺寸以面积计算	1. 清理基层 2. 抹找平层 3. 面层铺贴、磨边 4. 勾缝 5. 刷防护材料 6. 酸洗、打蜡 7. 材料运输
011108002	拼碎石材零星项目				
011108003	块料零星项目				
011108004	水泥砂浆零星项目	1. 工程部位 2. 找平层厚度、砂浆配合比 3. 面层厚度、砂浆厚度			1. 清理基层 2. 抹找平层 3. 抹面层 4. 材料运输

注：1. 楼梯、台阶牵边和侧面镶贴块料面层，不大于0.5 m²的少量分散的楼地面镶贴块料面层，应按本表执行。
2. 石材、块料与粘结材料的结合面刷防渗材料的种类在防护材料种类中描述

表 4-37　墙面抹灰（编码：011201）

项目编码	项目名称	项目特征	计量单位	工程量计算规则	工作内容
011201001	墙面一般抹灰	1. 墙体类型 2. 底层厚度、砂浆配合比 3. 面层厚度、砂浆配合比 4. 装饰面材料种类 5. 分格缝宽度、材料种类	m^2	按设计图示尺寸以面积计算。扣除墙裙、门窗洞口及单个 > 0.3 m^2 的孔洞面积，不扣除踢脚线、挂镜线和墙与构件交接处的面积，门窗洞口和孔洞的侧壁及顶面不增加面积。附墙柱、梁、垛、烟囱侧壁并入相应的墙面面积内 1. 外墙抹灰面积按外墙垂直投影面积计算 2. 外墙裙抹灰面积按其长度乘以高度计算 3. 内墙抹灰面积按主墙间的净长乘以高度计算 （1）无墙裙的，高度按室内楼地面至天棚底面计算 （2）有墙裙的，高度按墙裙顶至天棚底面计算 （3）有吊顶天棚抹灰，高度算至天棚底 4. 内墙裙抹灰面按内墙净长乘以高度计算	1. 基层清理 2. 砂浆制作、运输 3. 底层抹灰 4. 抹面层 5. 抹装饰面 6. 勾分格缝
011201002	墙面装饰抹灰				

表 4-38　墙面块料面层（编码：011204）

项目编码	项目名称	项目特征	计量单位	工程量计算规则	工作内容
011204001	石材墙面	1. 墙体类型 2. 安装方式 3. 面层材料品种、规格、颜色 4. 缝宽、嵌缝材料种类 5. 防护材料种类 6. 磨光、酸洗、打蜡要求	m^2	按镶贴表面积计算	1. 基层清理 2. 砂浆制作、运输 3. 粘结层铺贴 4. 面层安装 5. 嵌缝 6. 刷防护材料 7. 磨光、酸洗、打蜡
011204003	块料墙面				

表 4-39　幕墙工程（编码：011209）

项目编码	项目名称	项目特征	计量单位	工程量计算规则	工作内容
011209001	带骨架幕墙	1. 骨架材料种类、规格、中距 2. 面层材料品种、规格、颜色 3. 面层固定方式 4. 隔离带、框边封闭材料品种、规格 5. 嵌缝、塞口材料种类	m^2	按设计图示框外围尺寸以面积计算。与幕墙同种材质的窗所占面积不扣除	1. 骨架制作、运输、安装 2. 面层安装 3. 隔离带、框边封闭 4. 嵌缝、塞口 5. 清洗
011209002	全玻（无框玻璃）幕墙	1. 玻璃品种、规格、颜色 2. 粘结塞口材料种类 3. 固定方式		按设计图示尺寸以面积计算。带肋全玻幕墙按展开面积计算	1. 幕墙安装 2. 嵌缝、塞口 3. 清洗

注：幕墙钢骨架按《房屋建筑计算规范》附录表 M.4 干挂石材钢骨架编码列项

表 4-40　天棚抹灰（编码：011301）

项目编码	项目名称	项目特征	计量单位	工程量计算规则	工作内容
011301001	天棚抹灰	1. 基层类型 2. 抹灰厚度、材料种类 3. 砂浆配合比	m²	按设计图示尺寸以水平投影面积计算。不扣除间壁墙、垛、柱、附墙烟囱、检查口和管道所占的面积，带梁天棚的梁两侧抹灰面积并入天棚面积内，板式楼梯底面抹灰按斜面积计算，锯齿形楼梯底板抹灰按展开面积计算	1. 基层清理 2. 底层抹灰 3. 抹面层

表 4-41　天棚吊顶（编码：011302）

项目编码	项目名称	项目特征	计量单位	工程量计算规则	工作内容
011302001	吊顶天棚	1. 吊顶形式、吊杆规格、高度 2. 龙骨材料种类、规格、中距 3. 基层材料种类、规格 4. 面层材料品种、规格 5. 压条材料种类、规格 6. 嵌缝材料种类 7. 防护材料种类	m²	按设计图示尺寸以水平投影面积计算。天棚面中的灯槽及跌级、锯齿形、吊挂式、藻井式天棚面积不展开计算。 不扣除间壁墙、检查口、附墙烟囱、柱垛和管道所占面积，扣除单个＞0.3 m²的孔洞、独立柱及与天棚相连的窗帘盒所占的面积	1. 基层清理、吊杆安装 2. 龙骨安装 3. 基层板铺贴 4. 面层铺贴 5. 嵌缝 6. 刷防护材料

表 4-42　喷刷涂料（编码：011407）

项目编码	项目名称	项目特征	计量单位	工程量计算规则	工作内容
011407001	墙面喷刷涂料	1. 基层类型 2. 喷刷涂料部位 3. 腻子种类 4. 刮腻子要求 5. 涂料品种、喷刷遍数	m²	按设计图示尺寸以面积计算	1. 基层清理 2. 刮腻子 3. 刷、喷涂料
011407002	天棚喷刷涂料				
011407003	空花格、栏杆刷涂料	1. 腻子种类 2. 刮腻子遍数 3. 涂料品种、刷喷遍数		按设计图示尺寸以单面外围面积计算	
011407004	线条刷涂料	1. 基层清理 2. 线条宽度 3. 刮腻子遍数 4. 刷防护材料、油漆	m	按设计图示尺寸以长度计算	

六、总结拓展

补充清单的编制如下：

编制工程量清单出现《房屋建筑计算规范》附录中未包括的项目，编制人应做补充，并报省级或行业工程造价机构，省级或行业工程造价机构应汇总报住房和城乡建设部标准定额研究所。

补充项目的编码由《房屋建筑计算规范》的代码 01 与 B 和阿拉伯数字组成，并应从01B001 起顺序编制，同一招标工程的项目编码不得重码。

补充的工程量清单需附有补充项目的名称、项目特征、计量单位、工程量计算规则、工作内容。

任务三 措施项目清单的编制

一、任务说明

根据招标文件所述编制措施项目如下：
（1）单价措施项目清单的编制；
（2）总价项目清单的编制。

二、任务分析

1. 措施项目清单的概念

措施项目清单是指为完成工程项目施工，发生于该工程施工前和施工过程中技术、生活、文明、安全等方面的非工程实体项目清单。

2. 措施项目清单的分类

（1）单价措施项目即能按图纸计算工程量，在《房屋建筑计算规范》中列出了项目编码、项目名称、项目特征、计量单位、工程量计算规则的项目。单价措施项目编制工程量清单应执行分部分项工程的规定，按分部分项工程量清单的编制方式编制。

单价措施项目一般包括脚手架工程、混凝土模板及支架、垂直运输、超高施工增加、大型机械设备进出场及安拆、施工排水降水。

（2）总价措施项目是按百分比取费的项目，按《房屋建筑计算规范》附录中 S.7 项目规定的项目编码、项目名称确定。

总价措施项目一般包括安全文明施工，夜间施工，非夜间施工照明，二次搬运，冬雨期施工，地上、地下设施、建筑物的临时保护设施，已完工程及设备保护。

3. 措施项目清单的编制依据

（1）拟建工程的施工组织设计。
（2）拟建工程的施工技术方案。
（3）与拟建工程相关的工程施工规范和工程验收规范。

三、任务实施

（一）单价措施项目清单的编制

1. 脚手架工程

综合脚手架工程量清单项目设置、项目特征描述的内容、计量单位及工程量计算规则，应按表 4-43 的规定执行。

表 4-43　脚手架工程（编码：011701）

项目编码	项目名称	项目特征	计量单位	工程量计算规则	工作内容
011701001	综合脚手架	1. 建筑结构形式 2. 檐口高度	m²	按建筑面积计算	1. 场内、场外材料搬运 2. 搭、拆脚手架、斜道、上料平台 3. 安全网的铺设 4. 选择附墙点与主体连接 5. 测试电动装置、安全锁等 6. 拆除脚手架后材料的堆放

注：1. 使用综合脚手架时，不再使用外脚手架、里脚手架等单项脚手架；综合脚手架适用于能够按"建筑面积计算规则"计算建筑面积的建筑工程脚手架，不适用于房屋加层、构筑物及附属工程脚手架。

2. 同一建筑物有不同檐高时，按建筑物竖向切面分别按不同檐高列清单项目。

3. 整体提升架已包括 2 m 高的防护架体设施。

4. 脚手架材质可以不描述，但应注明由投标人根据工程实际情况按照国家现行标准《建筑施工扣件式钢管脚手架安全技术规范》（JGJ 130—2011）、《建筑施工附着升降脚手架管理暂行规定》（建建〔2000〕230 号）等规范自行确定

2. 模板

（1）《房屋建筑计算规范》中现浇混凝土工程项目"工作内容"中包括模板工程的内容，同时又在措施项目中单列了现浇混凝土模板工程项目。对此，招标人应根据工程实际情况选用。若招标人在措施项目清单中未编列现浇混凝土模板项目清单，即表示现浇混凝土模板项目不单列，现浇混凝土工程项目的综合单价中应包括模板工程费用。

（2）《房屋建筑计算规范》中对预制混凝土构件按现场制作编制项目，"工作内容"中包括模板工程，不再另列。若采用成品预制混凝土构件，构件成品价（包括模板、钢筋、混凝土等所有费用）应计入综合单价。

上述规定包含三层意思：一是招标人应根据工程的实际情况在同一个标段（或合同段）中在两种方式中选择其一；二是招标人若采用单列现浇混凝土模板工程，必须按规范所规定的计量单位、项目编码、项目特征描述列出清单，同时，现浇混凝土项目中不含模板的工程费用；三是招标人若不单列现浇混凝土模板工程项目，不再编列现浇混凝土模板项目清单，意味着现浇混凝土工程项目的综合单价中包括了模板的工程费用。

分部分项工程中工作内容包含模板见表4-44、表4-45。

表4-44　分部分项工程中工作内容包含模板（编码：010504）

项目编码	项目名称	项目特征	计量单位	工程量计算规则	工作内容
010504001	直形墙	1. 混凝土种类 2. 混凝土强度等级	m³	按设计图示尺寸以体积计算。扣除门窗洞口及单个面积＞0.3 m²的孔洞所占体积，墙垛及突出墙面部分并入墙体体积内计算	1. 模板及支架（撑）制作、安装、拆除、堆放、运输及清理模内杂物、刷隔离剂等 2. 混凝土制作、运输、浇筑、振捣、养护
010504002	弧形墙				
010504003	短肢剪力墙				
010504004	挡土墙				

表4-45　单独混凝土模板及支架（撑）部分（编码：011702）

项目编码	项目名称	项目特征	计量单位	工程量计算规则	工作内容
011702001	基础	基础类型	m²	按模板与现浇混凝土构件的接触面积计算 1. 现浇钢筋混凝土墙、板单孔面积≤0.3 m²的孔洞不予扣除，洞侧壁模板也不增加；单孔面积＞0.3 m²时应予扣除，洞侧壁模板面积并入墙、板工程量计算 2. 现浇框架分别按梁、板、柱有关规定计算；附墙柱、暗梁、暗柱并入墙内工程量内计算 3. 柱、梁、墙、板相互连接的重叠部分，均不计算模板面积 4. 构造柱按图示外露部分计算模板面积	1. 模板制作 2. 模板安装、拆除、整理堆放及场内外运输 3. 清理模板粘结物及模内杂物、刷隔离剂等
011702002	矩形柱				
011702003	构造柱				
011702004	异形柱	柱截面形状			
011702005	基础梁	梁截面形状			
011702006	矩形梁	支撑高度			
011702007	异形梁	1. 梁截面形状 2. 支撑高度			
011702008	圈梁				
011702009	过梁				
011702010	弧形、拱形梁	1. 梁截面形状 2. 支撑高度			

注：1. 原槽浇灌的混凝土基础、垫层，不计算模板。
2. 混凝土模板及支撑（架）项目，只适用于以平方米计量，按模板与混凝土构件的接触面积计算。以立方米计量的模板及支撑（支架），按混凝土及钢筋混凝土实体项目执行，其综合单价中应包含模板及支撑（支架）。
3. 采用清水模板时，应在特征中注明。
4. 若现浇混凝土梁、板支撑高度超过3.6 m时，项目特征应描述支撑高度

3. 垂直运输

垂直运输工程量清单项目设置、项目特征描述的内容、计量单位及工程量计算规则，应按表4-46的规定执行。

表 4-46　垂直运输（编码：011703）

项目编码	项目名称	项目特征	计量单位	工程量计算规则	工作内容
011703001	垂直运输	1. 建筑物建筑类型及结构形式 2. 地下室建筑面积 3. 建筑物檐口高度、层数	1. m² 2. 天	1. 按建筑面积计算 2. 按施工工期日历天数计算	1. 垂直运输机械的固定装置、基础制作、安装 2. 行走式垂直运输机械轨道的铺设、拆除、摊销

注：1. 建筑物的檐口高度是指设计室外地坪至檐口滴水的高度（平屋顶是指屋面板底高度），突出主体建筑物屋顶的电梯机房、楼梯出口间、水箱间、瞭望塔、排烟机房等不计入檐口高度。

2. 垂直运输指施工工程在合理工期内所需垂直运输机械。

3. 同一建筑物有不同檐高时，按建筑物的不同檐高做纵向分割，分别计算建筑面积，以不同檐高分别编码列项

4. 超高施工增加

超高施工增加工程量清单项目设置、项目特征描述的内容、计量单位及工程量计算规则，应按表 4-47 的规定执行。

表 4-47　超高施工增加（编码：011704）

项目编码	项目名称	项目特征	计量单位	工程量计算规则	工作内容
011704001	超高施工增加	1. 建筑物建筑类型及结构形式 2. 建筑物檐口高度、层数 3. 单层建筑物檐口高度超过 20 m，多层建筑物超过 6 层部分的建筑面积	m²	按建筑物超高部分的建筑面积计算	1. 建筑物超高引起的人工工效降低以及由于人工工效降低引起的机械降效 2. 高层施工用水加压水泵的安装、拆除及工作台班 3. 通信联络设备的使用及摊销

注：1. 单层建筑物檐口高度超过 20 m，多层建筑物超过 6 层时，可按超高部分的建筑面积计算超高施工增加。计算层数时，地下室不计入层数。

2. 同一建筑物有不同檐高时，可按不同高度的建筑面积分别计算建筑面积，以不同檐高分别编码列项

5. 大型机械设备进出场及安拆

大型机械设备进出场及安拆工程量清单项目设置、项目特征描述的内容、计量单位及工程量计算规则，应按表 4-48 的规定执行。

6. 施工排水、降水

施工排水、降水工程量清单项目设置、项目特征描述的内容、计量单位及工程量计算规则，应按表 4-49 的规定执行。

表 4-48　大型机械设备进出场及安拆（编码：011705）

项目编码	项目名称	项目特征	计量单位	工程量计算规则	工作内容
011705001	大型机械设备进出场及安拆	1. 机械设备名称 2. 机械设备规格型号	台次	按使用机械设备的数量计算	1. 安拆费包括施工机械、设备在现场进行安装拆卸所需人工、材料、机械和试运转费用以及机械辅助设施的折旧、搭设、拆除等费用 2. 进出场费包括施工机械、设备整体或分体自停放地点运至施工现场或由一施工地点运至另一施工地点所发生的运输、装卸、辅助材料等费用

表 4-49　施工排水、降水（编码：011706）

项目编码	项目名称	项目特征	计量单位	工程量计算规则	工作内容
011706001	成井	1. 成井方式 2. 地层情况 3. 成井直径 4. 井（滤）管类型、直径	m	按设计图示尺寸以钻孔深度计算	1. 准备钻孔机械、埋设护筒、钻机就位；泥浆制作、固壁；成孔、出渣、清孔等 2. 对接上、下井管（滤管），焊接，安放，下滤料，洗井，连接试抽等
011706002	排水、降水	1. 机械规格型号 2. 降排水管规格	昼夜	按排、降水日历天数计算	1. 管道安装、拆除，场内搬运等 2. 抽水、值班、降水设备维修等

注：相应专项设计不具备时，可按暂估量计算

单价措施项目清单表格和分部分项工程清单表相同，见表 4-50。

表 4-50　分部分项工程和单价措施项目清单与计价表

工程名称：

序号	项目编码	项目名称	项目特征描述	计量单位	工程量	金额/元		
						综合单价	合价	其中
								暂估价

（二）总价措施项目清单的编制

总价措施项目清单的编制见表 4-51。

表 4-51　总价措施项目清单的编制（编码：011707）

项目编码	项目名称	工作内容及包含范围
011707001	安全文明施工	1. 环境保护包含范围：现场施工机械设备降低噪声、防扰民措施；水泥和其他易飞扬细颗粒建筑材料密闭存放或采取覆盖措施等；工程防扬尘洒水；土石方、建渣外运车辆防护措施等；现场污染源的控制、生活垃圾清理外运、场地排水排污措施；其他环境保护措施 2. 文明施工包含范围："五牌一图"；现场围挡的墙面美化（包括内外粉刷、刷白、标语等）、压顶装饰；现场厕所便槽刷白、贴面砖，水泥砂浆地面或地砖，建筑物内临时便溺设施；其他施工现场临时设施的装饰装修、美化措施；现场生活卫生设施；符合卫生要求的饮水设备、淋浴、消毒等设施；生活用洁净燃料；防煤气中毒、防蚊虫叮咬等措施；施工现场操作场地的硬化；现场绿化、治安综合治理；现场配备医药保健器材、物品和急救人员培训；现场工人的防暑降温、电风扇、空调等设备及用电；其他文明施工措施 3. 安全施工包含范围：安全资料、特殊作业专项方案的编制，安全施工标志的购置及安全宣传；"三宝"（安全帽、安全带、安全网）、"四口"（楼梯口、电梯井口、通道口、预留洞口）、"五临边"（阳台围边、楼板围边、屋面围边、槽坑围边、卸料平台两侧），水平防护架、垂直防护架、外架封闭等防护；施工安全用电，包括配电箱三级配电、两级保护装置要求、外电防护措施；起重机等起重设备（含井架、门架）和外用电梯的安全防护措施（含警示标志）及卸料平台的临边防护、层间安全门、防护棚等设施；建筑工地起重机械的检验检测；施工机具防护棚及其围栏的安全保护设施；施工安全防护通道；工人的安全防护用品、用具购置；消防设施与消防器材的配置；电气保护、安全照明设施；其他安全防护措施 4. 临时设施包含范围：施工现场采用彩色、定型钢板、砖、混凝土砌块等围挡的安砌、维修、拆除；施工现场临时建筑物、构筑物的搭设、维修、拆除，如临时宿舍、办公室、食堂、厨房、厕所、诊疗所、临时文化福利用房、临时仓库、加工场、搅拌台、临时简易水塔、水池等；施工现场临时设施的搭设、维修、拆除，如临时供水管道、临时供电管线、小型临时设施等；施工现场规定范围内临时简易道路铺设，临时排水沟、排水设施安砌、维修、拆除；其他临时设施搭设、维修、拆除
011707002	夜间施工	1. 夜间固定照明灯具和临时可移动照明灯具的设置、拆除 2. 夜间施工时，施工现场交通标志、安全标牌、警示灯等的设置、移动、拆除 3. 包括夜间照明设备及照明用电、施工人员夜班补助、夜间施工劳动效率降低等
011707003	非夜间施工照明	为保证工程施工正常进行，在地下室等特殊施工部位施工时所采用的照明设备的安拆、维护及照明用电等
011707004	二次搬运	由于施工场地条件限制而发生的材料、成品、半成品等一次运输不能到达堆放地点，必须进行的二次或多次搬运
011707005	冬雨期施工	1. 冬雨（风）期施工时增加的临时设施（防寒保温、防雨、防风设施）的搭设、拆除 2. 冬雨（风）期施工时，对砌体、混凝土等采用的特殊加温、保温和养护措施 3. 冬雨（风）期施工时，施工现场的防滑处理、对影响施工的雨雪的清除 4. 包括冬雨（风）期施工时增加的临时设施、施工人员的劳动保护用品、冬雨（风）期施工劳动效率降低等
011707006	地上、地下设施、建筑物的临时保护设施	在工程施工过程中，对已建成的地上、地下设施和建筑物进行的遮盖、封闭、隔离等必要保护措施
011707007	已完工程及设备保护	对已完工程及设备采取的覆盖、包裹、封闭、隔离等必要保护措施

总价措施项目清单与计价表见表 4-52。

表 4-52　总价措施项目清单与计价表

工程名称：　　　　　　　　　　　　标段：　　　　　　　　　　　　第　页　共　页

序号	项目编码	项目名称	计算基础	费率 / %	金额 / 元	调整费率 / %	调整后金额 / 元	备注
		合计						

四、任务成果

1. 单价措施项目清单实例（部分）

分部分项工程和单价措施项目清单与计价表见表 4-53。

表 4-53　分部分项工程和单价措施项目清单与计价表

工程名称：

序号	项目编码	项目名称	项目特征描述	计量单位	工程量	金额 / 元		
						综合单价	合价	其中
								暂估价
		措施项目						
87	011701001001	综合脚手架		m²	4 643.3			
88	011703001001	垂直运输		m²	4 643.3			
89	011702001001	基础模板		m²	189.6			
90	011702002001	矩形柱模板		m²	1 041.51			
91	011702002002	矩形柱 TZ 模板		m²	36			
92	011702003001	构造柱模板		m²	557.14			
93	011702004001	异形柱模板		m²	122.89			
94	011702005001	基础梁模板		m²	366.1			

2. 总价措施项目清单实例

总价措施项目清单与计价表见表 4-54。

表 4-54　总价措施项目清单与计价表

工程名称：　　　　　　　　　　　标段：　　　　　　　　　　第　页　共　页

序号	项目编码	项目名称	计算基础	费率/%	金额/元	调整费率/%	调整后金额/元	备注
1	011707001001	安全文明施工						
2	011707002001	夜间施工						
3	011707003001	非夜间施工照明						
4	011707004001	二次搬运						
5	011707005001	冬雨期施工						
6	011707006001	地上、地下设施、建筑物的临时保护设施						
7	011707007001	已完工程及设备保护						
合计								

任务四　其他项目清单的编制

一、任务说明

（1）根据招标文件要求编制其他项目清单；

（2）确定暂列金额；

（3）确定专业工程暂估价；

（4）确定总承包服务费。

二、任务分析

1. 其他项目清单

其他项目清单是指除分部分项工程量清单、措施项目清单所包含的内容以外，因招标人的特殊要求而发生的与拟建工程有关的其他费用项目和相应数量的清单。

2. 其他项目清单的内容列项

（1）暂列金额；

（2）暂估价，包括材料暂估单价、工程设备暂估单价、专业工程暂估价；

（3）计日工；

（4）总承包服务费。

3. 其他项目清单填写要点

（1）暂列金额、暂估价、计日工、总承包服务费由招标人负责填写。

（2）索赔与现场签证在工程结算中由承包人计入造价。

（3）暂列金额应根据工程特点按有关计价规定估算。

（4）暂估价中的材料、工程设备暂估单价应根据工程造价信息或参照市场价格估算，列出明细表；专业工程暂估价应分不同专业，按有关计价规定估算，列出明细表。

（5）计日工应列出项目名称、计量单位和暂估数量。

（6）总承包服务费应列出服务项目及其内容等。

（7）清单计价规范未列的项目，应根据工程实际情况补充。

三、任务实施

1. 暂列金额

暂列金额是招标人在工程量清单中暂定并包括在合同价款中的一笔款项，用于工程合同签订时尚未确定或者不可预见的所需材料、工程设备、服务的采购，施工中可能发生的工程变更、合同约定调整因素出现时的合同价款调整以及发生的索赔、现场签证确认等的费用。

暂列金额应根据工程特点，按有关计价规定估算，一般可按分部分项工程费的10%～15%作为参考。

暂列金额为招标人所有，只有按合同程序实际发生后，才成为中标人应得金额。

暂列金额应根据工程特点按有关计价规定估算。

暂列金额明细表见表4-55。

表4-55　暂列金额明细表

工程名称：

序号	项目名称	计量单位	暂定金额/元	备注

2. 暂估价

暂估价是招标人在工程量清单中提供的用于支付必然发生但暂时不能确定价格的材料、工程设备的单价以及专业工程的金额。

暂估价包括材料暂估单价、工程设备暂估单价、专业工程暂估价。

暂估价中的材料、工程设备暂估单价应根据工程造价信息或参照市场价格估算，列出明细表；专业工程暂估价应分不同专业，按有关计价规定估算，列出明细表。

暂估价表格分为专业工程暂估价及结算价表、材料（工程设备）暂估价及调整表两种表格，按工程实际依次填写即可（表4-56、表4-57）。

表 4-56　专业工程暂估价及结算价表

序号	工程名称	工程内容	暂估金额/元	结算金额/元	差额±/元	备注
1	专业工程暂估价					

表 4-57　材料（工程设备）暂估单价及调整表

工程名称：　　　　　　　　　　　标段：　　　　　　　　　　第　页　共　页

序号	材料（设备）名称、规格、型号	计量单位	数量		暂估/元		确认/元		差额/元		备注
			暂估	确认	单价	合价	单价	合价	单价	合价	
	合计										

注：此表由招标人填写"暂估单价"，并在备注栏说明暂估单价的材料、工程设备拟用在哪些清单项目上，投标人应将上述材料、工程设备暂估单价计入工程量清单综合单价报价中

发包人在招标工程量清单中给定暂估价的材料、工程设备属于依法必须招标的，应由发承包双方以招标的方式选择供应商，确定价格，并应以此为依据取代暂估价，调整合同价款。

发包人在招标工程量清单中给定暂估价的材料、工程设备不属于依法必须招标的，应由承包人按照合同约定采购，经发包人确认单价后取代暂估价，调整合同价款。

发包人在工程量清单中给定暂估价的专业工程不属于依法必须招标的，应按照清单计价规范相应条款的规定确定专业工程价款，并应以此为依据取代专业工程暂估价，调整合同价款。

发包人在招标工程量清单中给定暂估价的专业工程，依法必须招标的，应当由发承包双方依法组织招标选择专业分包人，并接受有管辖权的建设工程招标投标管理机构的监督，还应符合下列要求：

（1）除合同另有约定外，承包人不参加投标的专业工程发包招标，应由承包人作为招标人，但拟订的招标文件、评标工作、评标结果应报送发包人批准。与组织招标工作有关的费用应当被认为已经包括在承包人的签约合同价（投标总报价）中。

（2）承包人参加投标的专业工程发包招标，应由发包人作为招标人，与组织招标工作有关的费用由发包人承担。同等条件下，应优先选择承包人中标。

（3）应以专业工程发包中标价为依据取代专业工程暂估价，调整合同价款。

3. 计日工

计日工是在施工过程中，承包人完成发包人提出的工程合同范围以外的零星项目或工

作，按合同中约定的单价计价的一种方式。

计日工应列出项目名称、计量单位和暂估数量。

计日工是为了解决现场发生的零星工作的计价而设立的。国际上常见的标准合同条款中，大多数都设立了计日工（daywork）计价机制。但在中国，尤其是北方用得很少，绝大多数工程采用现场签证的方式处理此类事件（表4-58）。

表4-58 计日工表

工程名称：　　　　　　　　　标段：　　　　　　　　　第 页 共 页

编号	项目名称	单位	暂定数量	综合单价/元	合价/元
一	人工				
1					
2					
3					
	人工小计				
二	材料				
1					
2					
	材料小计				
三	施工机械				
1					
	施工机械小计				
四	企业管理费和利润				
	合计				

4. 总承包服务费

（1）总承包人为配合协调发包人进行的专业工程发包，对发包人自行采购的材料、工程设备等进行保管以及施工现场管理、竣工资料汇总整理等服务所需的费用。

（2）总承包服务费应列出服务项目及其内容等。

（3）总承包服务费应根据招标文件列出的内容和要求估算：

1）总包管理费：对列入建筑工程总承包合同，由发包方指定分包的专业工程，及虽未列入总承包合同，但发包方要求总承包单位进行协调施工质量、现场进度、负责竣工资料整理、存档备案等工作的，发包方应向总承包方支付分包工程造价3%的总包管理费。

2）甲供材料保管费：发包方供应的材料（包工包料工程），工程结算时应按定额基价参与取费，由承包方保管的材料应计取材料价值1%的保管费。

3）施工配合费：由发包方直接发包的专业工程与总承包工程交叉作业时，发包方应向总承包方支付专业工程造价2%的施工配合费，不包括专业工程承包人使用总承包的机械、脚手架等发生的费用，发生时另行计取。

4）提前竣工（赶工）费：承包人应发包人的要求而采取加快工程进度措施，使定额工期提前 10% 以上的，由此产生的应由发包人支付的费用。该项费用发包人与承包人可在合同中自行约定，也可按税前造价的 3% 计取。

总承包服务费计价表见表 4-59。

表 4-59　总承包服务费计价表

序号	项目名称	项目价值 / 元	服务内容	计算基础	费率 / %	金额 / 元

四、任务结果

清单与计价表格见表 4-60 ～表 4-65。

表 4-60　其他项目清单与计价汇总表

工程名称：

序号	项目名称	计量单位	金额 / 元	备注
1	暂列金额	元	100 000	
2	暂估价			
2.1	材料（工程设备）暂估价			
2.2	专业工程暂估价	元	60 000	
3	计日工			
4	总承包服务费			

表 4-61　暂列金额明细表

序号	项目名称	计量单位	暂定金额 / 元	备注
1	暂列金额	元	100 000	

表 4-62　专业工程暂估价及结算价表

序号	工程名称	工程内容	暂估金额 / 元	结算金额 / 元	差额 ± / 元	备注
1	桩基工程		60 000			

表 4-63　材料和工程设备暂估价表

工程名称：　　　　　　　　　　　　标段：　　　　　　　　　第 1 页　共 1 页

序号	材料（设备）名称、规格、型号	计量单位	数量		暂估 / 元		确认 / 元		差额 / 元		备注
			暂估	确认	单价	合价	单价	合价	单价	合价	
1	地面砖 0.16 m² 以内	m²	913.512		60	54 810.72					
2	大理石踢脚板	m²	1 376.131 5		42	57 797.52					
3	大理石板 0.25 m² 以外	m²	2 391.216 6		200	478 243.32					
4	磨光花岗石	m²	6.554 3		220	1 441.95					
5	薄型釉面砖（5~6 mm）每块面积 0.06 m² 以内	m²	1 352.372 9		80	108 189.83					
6	地砖踢脚	m²	392.224		35	13 727.84					
7	铝合金条板	m²	1 453.013 4		100	145 301.34					
合计											

注：此表由招标人填写"暂估单价"，并在备注栏说明暂估单价的材料、工程设备拟用在哪些清单项目上，投标人应将上述材料、工程设备暂估单价计入工程量清单综合单价报价中

表 4-64　计日工表

工程名称：

编号	项目名称	单位	暂定数量	综合单价 / 元	合价 / 元
一	人工				
1	力工	工日	5		
2	瓦工	工日	5		
3	木工	工日	5		
人工小计					
二	材料				
1	水泥 32.5 级	t	0.5		
2	中砂	m³	5		
材料小计					
三	施工机械				
1	砂浆搅拌机	台班	1		
施工机械小计					
四	企业管理费和利润				
合计					

表 4-65　总承包服务费计价表

序号	项目名称	项目价值 / 元	服务内容	计算基础	费率 / %	金额 / 元
1	总包管理费	300 000	协调施工质量、现场进度、负责竣工资料整理、存档备案等工作			

任务五　规费、税金项目清单的编制

一、任务说明

（1）规费、税金的概念。

（2）规费、税金清单项目的编制。

二、任务分析

1. 规费、税金的概念

规费是根据国家法律、法规规定，由省级政府或省级有关权力部门规定施工企业必须缴纳的，应计入建筑安装工程造价的费用。

税金是国家税法规定的应计入建筑安装工程造价内的增值税、城市维护建设税、教育费附加和地方教育费附加。

2. 规费、税金清单的列项

（1）规费项目清单应按照下列内容列项：

1）社会保险费：包括养老保险费、失业保险费、医疗保险费、工伤保险费、生育保险费。

2）住房公积金。

3）工程排污费。

4）其他未列的项目，应根据省级政府或省级有关部门的规定列项。

（2）税金项目清单应包括下列内容：

1）增值税；

2）其他未列的项目，应根据税务部门的规定列项。

三、任务实施

规费和税金应按照国家或省级、行业建设主管部门的规定计算，不得作为竞争性费用，直接按表格填写项目名称即可。

四、任务结果

规费、税金项目清单见表 4-66，费率见费用定额。

表 4-66　规费、税金项目计价表

序号	项目名称	计算基础	计算基数	计算费率 /%	金额 / 元
1	规费				
1.1	社会保险费				
（1）	养老保险费、失业保险费、医疗保险费、住房公积金				
（2）	生育保险费				
（3）	工伤保险费				
1.2	工程排污费				
1.3	防洪基础设施建设资金、副食品价格调节基金				
1.4	残疾人就业保障金				
1.5	其他规费				
2	税金	分部分项工程量清单合计＋措施项目清单合计＋其他项目清单合计＋规费＋优质优价增加费			

任务六　工程量清单封面、扉页、总说明的编制

一、任务说明

（1）学习填写编制说明。
（2）填写工程量清单封面。
（3）学会按顺序装订。

二、任务分析

（1）五种表格编制完成后，应填写编制说明（表 4-67）。

表 4-67　总说明

工程名称：

编制单位（盖章）：　　　　　　　　　　　　　　　　造价师或造价员签字盖章

（2）填写封面、扉页。

（3）装订。

三、任务实施

1. 总说明填写内容

（1）工程概况：建设规模、工程特征、计划工期、施工现场实际情况、自然地理条件、环境保护要求等。

（2）工程招标和专业工程发包范围。

（3）工程量清单编制依据。

（4）工程质量、材料、施工等的特殊要求。

（5）其他需要说明的问题。

2. 扉页

扉页应按规定的内容填写、签字、盖章，由造价员编制的工程量清单应由负责审核的造价工程师签字、盖章。受委托编制的工程量清单，应由造价工程师签字、盖章以及工程造价咨询人盖章。

3. 工程量清单的装订

工程量清单编制应依据《13 计价规范》的规定使用表格，包括封 –1、扉 –1、表 –01、表 –08、表 –11、表 –12（不含表 –12-6 ～表 –12-8）、表 –13、表 –20、表 –21 或表 –22。

具体次序如下：

（1）封面：封 –1。

（2）扉页：扉 –1。

（3）总说明：表 –01。

（4）分部分项工程和单价措施项目清单与计价表：表 –08。

（5）总价措施项目清单与计价表：表 –11。

（6）其他项目清单与计价汇总表：表 –12。

（7）暂列金额明细表：表 –12-1。

（8）材料（工程设备）暂估单价及调整表：表 –12-2。

（9）专业工程暂估价及结算价表：表 –12-3。

（10）计日工表：表 –12-4。

（11）总承包服务费计价表：表 –12-5。

（12）规费、税金项目计价表：表 –13。

（13）主要材料、工程设备一览表：表 –20、表 –21 或表 –22。

工程量清单的编制是造价人员的日常工作之一，怎样才能成为一个优秀的造价师呢？

我们所从事的每一项事业，都可以看成一座金字塔，我们把造价生涯比喻成一座九层的金字塔，每一层都代表着一段阅历、一个层次和几回拼搏。

踏踏实实地去看懂每一张图纸，就代表造价事业登上了初级台阶，认真严谨地计算每一项工程量，就代表着我们走的每一步。造价工程师的成长之路，就是一步步踏实前进的奋斗之路，一层层脚踏实地的坚守，一层层努力拼搏的足印，什么时候能"会当凌绝顶，一览众山小"，就是事业抵达成功的标志。在精益求精的道路上，只有坚忍不拔的勇者，才能登上风光无限的顶峰。

项目五　招标控制价的编制

学习目标

（1）熟悉关于招标控制价相关基本知识；
（2）能够按定额、图纸和工程量清单正确计算招标控制价；
（3）能够正确计算综合单价；
（4）熟悉招标控制价的构成。

素质目标

培养学生关注相关学科发展动态，紧跟技术发展前沿，终生适应科技发展水平，树立创新意识，培养创新精神。

知识储备

一、招标控制价的概念

招标控制价是招标人根据国家或省级、行业建设主管部门颁发的有关计价依据和办法，以及拟订的招标文件和招标工程量清单，结合工程具体情况编制的招标工程的最高投标限价。

视频：招标控制价的编制

二、《13 计价规范》对招标控制价的一般规定

（1）国有资金投资的建设工程招标，招标人必须编制招标控制价。
（2）招标控制价应由具有编制能力的招标人或受其委托具有相应资质的工程造价咨询人编制和复核。
（3）工程造价咨询人接受招标人委托编制招标控制价，不得再就同一工程接受投标人委托编制投标报价。
（4）招标控制价应按照《13 计价规范》相关规定编制，不应上调或下浮。

（5）当招标控制价超过批准的概算时，招标人应将其报原概算审批部门审核。

（6）招标人应在发布招标文件时公布招标控制价，同时应将招标控制价及有关资料报送工程所在地或有该工程管辖权的行业管理部门工程造价管理机构备查。

三、招标控制价编制与复核的依据

（1）《13 计价规范》《房屋建筑计算规范》；

（2）国家或省级、行业建设主管部门颁发的计价定额和计价办法；

（3）建设工程设计文件及相关资料；

（4）拟订的招标文件及招标工程量清单；

（5）与建设项目相关的标准、规范、技术资料；

（6）施工现场情况、工程特点及常规施工方案；

（7）工程造价管理机构发布的工程造价信息，当工程造价信息没有发布时，参照市场价；

（8）其他的相关资料。

四、招标控制价的计算

单位工程造价由分部分项工程费（或人工费、材料费、施工机具使用费、企业管理费）、措施项目费、其他项目费、规费、税金组成。

单位工程报价＝分部分项工程费＋措施项目费＋其他项目费＋规费＋税金

单项工程报价＝$\sum$ 单位工程报价

建设项目报价＝$\sum$ 单项工程报价

五、招标控制价的投诉与处理

（1）投标人经复核认为招标人公布的招标控制价未按照《13 计价规范》的规定进行编制的，应在招标控制价公布后 5 天内向招标投标监督机构和工程造价管理机构投诉。

（2）投诉人投诉时，应当提交由单位盖章和法定代表人或其委托人签名或盖章的书面投诉书。投诉书应包括下列内容：

1）投诉人与被投诉人的名称、地址及有效联系方式；

2）投诉的招标工程名称、具体事项及理由；

3）投诉依据及有关证明材料；

4）相关的请求及主张。

（3）投诉人不得进行虚假、恶意投诉，阻碍招标投标活动的正常进行。

（4）工程造价管理机构在接到投诉书后应在 2 个工作日内进行审查，对有下列情况之一的，不予受理：

1）投诉人不是所投诉招标工程招标文件的收受人；

2）投诉书提交的时间不符合《13 计价规范》规定的；

3）投诉书不符合《13 计价规范》规定的；

4）投诉事项已进入行政复议或行政诉讼程序的。

（5）工程造价管理机构应在不迟于结束审查的次日将是否受理投诉的决定书面通知投诉人、被投诉人以及负责该工程招标投标监督的招标投标管理机构。

（6）工程造价管理机构受理投诉后，应立即对招标控制价进行复查，组织投诉人、被投诉人或其委托的招标控制价编制人等单位人员对投诉问题逐一核对。有关当事人应当予以配合，并应保证所提供资料的真实性。

（7）工程造价管理机构应当在受理投诉的 10 天内完成复查，特殊情况下可适当延长，并做出书面结论通知投诉人、被投诉人及负责该工程招标投标监督的招标投标管理机构。

（8）当招标控制价复查结论与原公布的招标控制价误差大于 ±3% 时，应当责成招标人改正。

（9）招标人根据招标控制价复查结论需要重新公布招标控制价的，其最终公布的时间至招标文件要求提交投标文件截止时间不足 15 天的，应相应延长投标文件的截止时间。

任务一　分部分项工程量清单计价

一、任务说明

（1）综合单价的构成；

（2）计算分部分项工程量清单招标控制价。

二、任务分析

分部分项工程的招标控制价即分部分项工程费，是指各专业工程分部分项应予列支的各项费用。

分部分项工程费应根据招标文件中的分部分项工程量清单项目的特征描述及有关要求，按《13 计价规范》的相关规定确定综合单价计算。

（1）综合单价的概念：综合单价是完成一个规定清单项目所需的人工费、材料和工程设备费、施工机具使用费和企业管理费、利润以及一定范围内的风险费用。

（2）综合单价的计算公式：综合单价的计算采用定额组价的方法，即以计价定额为基础进行组合计算。因各清单计算规范和"定额"中的工程量计算规则、计量单位、工程内容不尽相同，综合单价的计算不是简单地将其所含的各项费用进行汇总，而是需要通过具体计算后综合而成。

分部分项工程综合单价＝人工费＋材料费＋施工机具使用费＋企业管理费＋利润＋风险

注：综合单价中应包括招标文件中要求投标人承担的风险费用（风险是指隐含于已标价工程量清单综合单价中，用于化解发承包双方在工程合同中约定内容和范围内的市场价格波动风险的费用）。

（3）综合单价中应包括招标文件中划分的应由投标人承担的风险范围及其费用。招标文件中没有明确的，如是工程造价咨询人编制，应提请招标人明确；如是招标人编制，应予明确。

（4）招标文件提供了暂估单价的材料，按暂估的单价计入综合单价。

工程量清单综合单价分析见表5-1。

表5-1 工程量清单综合单价分析表

项目编码		项目名称		计量单位			工程量		
清单综合单价组成明细									
定额编号	定额名称	定额单位	数量	单价				合价	
				人工费	材料费	机械费	管理费和利润	人工费	材料费	机械费	管理费和利润
人工单价		小计							
元/工日		未计价材料费							
清单项目综合单价									

三、任务实施

1. 分析一个清单项目到底对应几个定额子目

清单项目是在《房屋建筑计算规范》中一个项目编码对应的一个项目名称。定额子目是在计价定额中一个定额编号对应的项目名称和相应的基价。

一个清单项目对应一个或几个定额子目，具体应按《房屋建筑计算规范》中的工作内容确定。一个清单项目在报价时所对应的定额子目应对照清单工作内容查找。

例：预制钢筋混凝土方桩这一个清单项目的工作内容包括：工作平台搭拆，桩机竖拆、移位，沉桩，接桩，送桩这五项内容，但在计价定额中需要报打桩、接桩、送桩3项定额子目。

根据清单计算规范中的工作内容，预制钢筋混凝土方桩这一个清单项目对应3项定额子目（表5-2）。

表5-2 预制钢筋混凝土方桩（编码：010301）

项目编码	项目名称	项目特征	计量单位	工程量计算规则	工作内容
010301001	预制钢筋混凝土方桩	1. 地层情况 2. 送桩深度、桩长 3. 桩截面 4. 桩倾斜度 5. 沉桩方法 6. 接桩方式 7. 混凝土强度等级	1. m 2. m³ 3. 根	1. 以米计量，按设计图示尺寸以桩长（包括桩尖）计算 2. 以立方米计量，按设计图示截面积乘以桩长（包括桩尖）以实体积计算 3. 以根计量，按设计图示数量计算	1. 工作平台搭拆 2. 桩机竖拆、移位 3. 沉桩 4. 接桩 5. 送桩

2. 分析清单工程量和定额工程量的异同、计算定额工程量

清单工程量是分部分项清单项目和措施清单项目工程量的简称，是招标人按照《房屋建筑计算规范》中规定的计算规则和施工图纸计算的、提供给投标人作为统一报价的数量标准。

清单工程量是按设计图纸的图示尺寸计算的"净量"，不含该清单项目在施工中考虑具体施工方案时增加的工程量及损耗量。

计价定额工程量又称报价工程量或实际施工工程量，是投标人根据拟建工程的分项清单工程量、施工图纸、所采用定额及其对应的工程量计算规则，同时考虑具体施工方案，对分部分项清单项目和措施清单项目所包含的各个工程内容（子项）计算出的实际施工工程量。

3. 查找定额相应子目，按工程量清单综合单价分析表计算各项单价

表格单价中的人工费按人工成本信息计算，材料费风险一般在计价定额的材料费基础上考虑 5%，机械费考虑 10%。

管理费和利润按省发布的费用定额的规定记取（表 5-3）。

表 5-3　企业管理费按工程类别取费　　　　　　　　　单位：%

工程类型	建筑工程			安装工程		
	一类	二类	三类	一类	二类	三类
计取基数	人工费＋机具费			人工费		
费率	18.72	17.51	16.51	23.95	21.18	18.77

利润：建设工程行业利润为人工费的 20%。

工程量清单综合单价分析表中单价计算公式：

人工费按人工成本信息计算。

$$材料费＝定额材料费（1＋风险费率）$$

$$机具费＝定额机械费（1＋风险费率）$$

$$企业管理费＝（定额人工费＋定额机具费）× 费率$$

$$利润＝定额人工费 × 费率$$

4. 填写工程量清单综合单价分析表

（1）第一行项目编码、项目名称、计量单位和工程量，一个清单项目一张表格；

（2）决定一个清单项目对应几项定额子目；

（3）几项定额子目的定额编号、定额名称、定额单位都查找定额——照抄；

（4）数量＝定额量／清单量／定额单位；

（5）把计算完成的单价中的人工费、材料费、机械费、管理费和利润填写在相应栏内。

5. 计算合价（合价等于数量乘以单价中的每一项）

$$合价中的人工费＝数量 × 单价中的人工费$$

$$合价中的材料费＝数量 × 单价中的材料费$$

$$合价中的机械费＝数量 × 单价中的机械费$$

$$合价中的管理费利润＝数量 × 单价中的管理费利润$$

6. 计算小计

小计等于合价中的每一栏竖行累加。

7. 计算综合单价

综合单价等于小计相加，再加未计价材料费。

把综合单价填到分部分项工程量清单计价表中，计算分部分项工程费。

分部分项工程费 = ∑（分部分项工程量 × 分部分项工程综合单价）

在计价时，招标工程量清单中的前五项是不能改变的，分部分项工程量就是招标工程量清单的工程量（表5-4）。

表5-4 分部分项工程费清单计价表

序号	子目编码	子目名称	子目特征描述	计量单位	工程量	金额/元			
						综合单价	合价	其中	
								暂估价	
1	010101001001	平整场地	土壤类别：三类干土	m^2	1 029.68				
2	010101002001	挖一般土方	（1）土壤类别：三类干土 （2）挖土深度：5 m 以内	m^3	5 687.28				
3	010101004001	挖基坑土方	土壤类别：三类干土	m^3	31.65				

四、任务实例

综合单价计算实例如下。

已知：砖基础清单工程量为 29.04 m^3，定额工程量为 29.04 m^3，基础防潮层工程量为 9.6 m^2，人工费市场价 180 元/工日，砖基础定额表（表5-5）中人工数量为 9.834 工日，防潮层人工数量为 6.574 工日，人工单价均为 130 元，材料费风险考虑 5%，机械费考虑 10%，三类工程，企业管理费为 16.51%，利润为 20%，试填写综合单价分析表。

表5-5 定额表

序号	定额编号	项目名称	单位	基价	人工费	材料费	机械费
1	A4-0001	砖基础	10 m^3	3 287.10	1 278.42	1 926.16	73.52
2	A8-0101	防水砂浆防潮层	100 m^2	2 296.85	854.62	1 335.01	107.22

解：根据清单计算规范的工作内容判断：一项砖基础清单价格包括几项定额。

砖基础清单工作内容包括：①砂浆制作、运输；②砌砖；③防潮层铺设；④材料运输。

对照定额，需套取两项定额：砖基础和防潮层。

查找计价定额：

（1）砖基础。定额编号 A4-0001，定额单位 10 m^3。

数量 = 定额量 ÷ 清单量 ÷ 定额单位 = 29.04 ÷ 29.04 ÷ 10 = 0.1

单价栏人工费＝180×9.834＝1 770.12（元）

单价栏材料费＝定额材料费（1＋5%）＝1 926.16×1.05＝2 022.47（元）

单价栏机械费＝定额机械费（1＋10%）＝73.52×1.1＝80.87（元）

企业管理费和利润查找费用定额：

企业管理费按三类工程管理费取（定额人工费＋定额机械费）的16.51%。

单价栏管理费＝（1 278.42＋73.52）×16.51%＝223.21（元）

利润取定额人工费的20%。

单价栏利润＝1 278.42×20%＝255.68（元）

管理费＋利润＝223.21＋255.68＝478.89（元）

合价中的各项结果等于数量分别和单价栏的各项相乘。

合价栏人工费＝0.1×1 770.12＝177.01（元）

合价栏材料费＝0.1×2 022.47＝202.25（元）

合价栏机械费＝0.1×80.87＝8.09（元）

合价栏管理费和利润＝0.1×478.89＝47.89（元）

（2）基础防潮层。定额编号A8-0101，定额单位100 m^2。

数量＝定额量÷清单量÷定额单位＝9.6÷29.04÷100＝0.003

单价栏人工费＝180×6.574＝1 183.32（元）

单价栏材料费＝定额材料费（1＋5%）＝1 335.01×1.05＝1 401.76（元）

单价栏机械费＝定额机械费（1＋10%）＝107.22×1.1＝117.94（元）

企业管理费和利润查找费用定额：

企业管理费按三类工程管理费取（定额人工费＋定额机械费）的16.51%。

单价栏管理费＝（854.62＋107.22）×16.51%＝158.80（元）

利润取定额人工费的20%。

单价栏利润＝854.62×20%＝170.92（元）

管理费＋利润＝158.80＋170.92＝329.72（元）

合价中的各项结果等于数量分别和单价栏的各项相乘。

合价栏人工费＝0.003×1 183.32＝3.55（元）

合价栏材料费＝0.003×1 401.76＝4.21（元）

合价栏机械费＝0.003×117.94＝0.35（元）

合价栏管理费和利润＝0.003×329.72＝0.99（元）

小计＝两项定额费用竖向累加：

177.01＋3.55＝180.56（元）

202.25＋4.21＝206.46（元）

8.09＋0.35＝8.44（元）

47.89＋0.99＝48.88（元）

综合单价＝四项累加＝180.56＋206.46＋8.44＋48.88＝444.34（元）

填好的综合单价分析表见表5-6。

表 5-6   工程量清单综合单价分析表

项目编码	010401001001	项目名称	砖基础	计量单位	m³	工程量	29.04

				清单综合单价组成明细							
定额编号	定额名称	定额单位	数量	单价				合价			
				人工费	材料费	机械费	管理费和利润	人工费	材料费	机械费	管理费和利润
A4-0001	砖基础	10 m³	0.1	1 770.12	2 022.47	80.87	478.89	177.01	202.25	8.09	47.89
A8-0174	基础防潮层	100 m²	0.003	1 183.32	1 401.76	117.94	329.72	3.55	4.21	0.35	0.99
人工单价：180 元/工日			小计					180.56	206.46	8.44	48.88
			未计价材料费								
清单项目综合单价								444.34			

把综合单价填入分部分项工程量清单计价表中，用工程量 × 综合单价得到合价（表 5-7）。

表 5-7   分部分项工程量清单计价表

序号	子目编码	子目名称	子目特征描述	计量单位	工程量	金额 / 元		其中
						综合单价	合价	暂估价
1	010401001001	砖基础	略	m³	29.04	444.34	12 903.63	

任务二   措施项目清单的计价

一、任务说明

（1）明确单价措施项目和总价措施项目的价格构成；
（2）按计价定额和《费用定额》正确计价。

二、任务分析

措施项目费是指为完成建设工程施工，发生于该工程施工前和施工过程中的技术、生活、安全、环境保护等方面的费用。

措施项目清单计价应根据拟建工程的施工组织设计，可以计算工程量的措施项目，应按分部分项工程量清单的方式采用综合单价计价；其余的措施项目可以"项"为单位的方式计价，应包括除规费、税金外的全部费用。

措施项目分单价措施项目和总价措施项目。

（1）措施项目中的单价项目，应根据拟订的招标文件和招标工程量清单项目中的特征描述及有关要求确定综合单价计算。

（2）措施项目中的总价项目，应根据拟订的招标文件和常规施工方案按照国家或省级、行业建设主管部门的规定计算。

三、任务实施

单价措施项目的计算同分部分项工程。这里重点讲述总价措施项目的招标控制价。

1. 总价措施项目的构成

（1）安全文明施工费。

1）环境保护费是指施工现场为达到环保部门要求所需要的各项费用。

2）文明施工费是指施工现场文明施工所需要的各项费用。

3）安全施工费是指施工现场安全施工所需要的各项费用。

4）临时设施费是指施工企业为进行建设工程施工所必须搭设的生活和生产用的临时建筑物、构筑物和其他临时设施费用，包括临时设施搭设费、维修费、拆除费、清理费或摊销费等。

措施项目中的安全文明施工费必须按国家或省级、行业建设主管部门的规定计算，不得作为竞争性费用。

（2）夜间施工增加费。它是指在合同工期内，按设计或技术要求为保证工程质量必须在夜间连续施工增加的费用，包括夜间补助费、夜间施工降效费、夜间施工照明设备摊销费及照明用电费等，内容详见各专业工程量计算规范。

从当日下午 6 时起计算 3～4 小时为 0.5 个夜班，5～8 小时为一个夜班，8 小时以上为 1.5 个夜班。

（3）非夜间施工增加费。它是指为保证工程施工正常进行，在地下（暗）室、设备及大口径管道等特殊施工部位施工时所采取的照明设备的安拆、维护、照明用电及摊销等费用；在地下（暗）室等施工引起的人工工效降低以及由于人工工效降低引起的机械降效所发生的费用。

（4）二次搬运费。它是指施工场地条件限制而发生的材料、构配件、半成品等一次运输不能达到堆放地点，必须进行二次或多次搬运所发生的费用。

（5）冬雨期施工增加费。它是指在冬期或雨期施工所增加的临时设施、防滑、除雨雪，人工及施工机械效率降低等费用，内容详见各专业工程量技术规范。

冬期施工日期：11 月 1 日到次年 3 月 31 日。土方工程：11 月 15 日到次年 4 月 15 日。

（6）地上、地下设施和建筑物的临时保护设施费。在工程施工过程中，对已建成的地上、地下设施和建筑物进行的遮挡、封闭、隔离等必要保护措施所发生的费用。

（7）已完工程及设备保护费。对已完工程及设备采取的覆盖、包裹、封闭、隔离等必要保护措施所发生的费用。

（8）工程定位复测费。是指工程施工过程中全部施工测量放线和复测工作的费用。

2. 费用标准

（1）安全文明施工费，费率见表 5-8（单位：%）。

表 5-8　安全文明施工费费率

工程类别	建筑工程	装饰工程	安装工程	市政工程	
				道路、桥涵、隧道机械土石方工程	管道、人工土石方及其他工程
计取基数	人工费+机具费	人工费	人工费	人工费+机具费	人工费
费率	9.06	5.93	5.15	7.89	8.85

专业承包工程的安全文明施工费按上述费率的 80% 计取。

（2）夜间施工增加费：每人每个夜班增加 60 元。

（3）非夜间施工增加费：按地下（暗）室建筑面积每平方米 20 元计取。

（4）材料二次搬运费：按人工费 0.30% 计取。

（5）冬雨期施工增加费：

1）冬期施工增加费，按冬期施工期间完成人工费的 150% 计取；冬期在室内施工室内温度达到正常施工条件的，按该项目冬期施工完成人工费的 30% 计取。

2）冻土定额项目，不再计取冬期施工增加费。

3）雨期施工增加费按人工费的 0.38% 计取。

（6）地上、地下设施和建筑物的临时保护设施费及已完工程及设备保护费（含越冬维护费）：根据工程实际情况编制费用预算。

（7）工程定位复测费费率见表 5-9（单位：%）。

表 5-9　工程定位复测费费率

工程类别	建筑工程	装饰工程	安装工程	市政工程	
				道路、桥涵、隧道机械土石方工程	管道、人工土石方及其他工程
计取基数	人工费+机具费	人工费	人工费	人工费+机具费	人工费
费率	1.18	0.40	0.49	1.01	2.52

3. 总价措施项目费

总价措施项目费等于计取基数 × 费率。

四、任务成果

总价措施项目清单与计价表见表 5-10。

表 5-10　总价措施项目清单与计价表

工程名称：广联达办公大厦 1# 楼建筑工程　　　　　　　　　　　　　　第 1 页　共 1 页

序号	项目编码	项目名称	计算基础	费率 / %	金额 / 元	备注
1	011707001001	安全文明施工	（人工费+机具费）	9.06	267 190.87	
2	011707002001	夜间施工	按规定记取			
3	011707003001	非夜间施工照明	按规定记取			

序号	项目编码	项目名称	计算基础	费率 / %	金额 / 元	备注
4	011707004001	二次搬运	人工费	0.3		
5	011707005001	雨期施工	人工费	0.38		
6	011707005002	冬期施工	按规定记取	150		
7	011707006001	地上、地下设施和建筑物的临时保护设施	按规定记取			
8	011707007001	已完工程及设备保护	按规定记取			
9	01B001	工程定位复测费	（人工费＋机具费）	1.18		
合计						

任务三　其他项目清单和规费、税金项目清单的计价

一、任务说明

（1）其他项目清单的计价；

（2）规费、税金项目清单计价。

二、任务分析

（1）其他项目清单中哪几项内容不能变动？

（2）暂估材料价如何调整？计日工是不是综合单价？应如何计算？

（3）规费、税金项目清单是否可以调整？

三、任务实施

1. 其他项目计价

（1）暂列金额应按招标工程量清单中列出的金额填写；

（2）暂估价中的材料、工程设备单价应按招标工程量清单中列出的单价计入综合单价；

（3）暂估价中的专业工程金额应按招标工程量清单中列出的金额填写；

（4）计日工应按招标工程量清单中列出的项目根据工程特点和有关计价依据确定综合单价计算；

（5）总承包服务费应根据招标工程量清单列出的内容和要求估算。

2. 规费项目清单计价

（1）工程排污费：按人工费的 0.30% 计取。

（2）社会保障费：

1）养老保险费、失业保险费、医疗保险费、住房公积金：按省建设行政主管部门核发的施工企业（含外埠施工企业）劳动保险费取费证书中核定的标准执行，未办理劳动保

险取费证书的施工企业，建设单位不予支付以上四项费用。

2）生育保险费：按人工费的 0.42% 计取。

3）工伤保险费：按人工费的 0.61% 计取。

（3）残疾人就业保障金：按人工费的 0.48% 计取。

（4）防洪基础设施建设资金、副食品价格调节基金在编制标底（招标控制价）或投标报价时，按税前工程造价的 1.05‰ 考虑，结算时按实际缴纳计取。

（5）其他规定：按相关文件规定计取。

3. 税金项目清单计价（增值税 9%）

注：规费和税金必须按国家或省级、行业建设主管部门的规定计算，不得作为竞争性费用。

四、任务成果

其他项目清单与计价汇总表见表 5-11。

表 5-11　其他项目清单与计价汇总表

工程名称：建筑与装饰工程　　　　　　标段：广联达办公大厦　　　　第 1 页　共 1 页

序号	项目名称	金额 / 元	结算金额 / 元	备注
1	暂列金额	1 200 000		
2	暂估价	600 000		
2.1	材料暂估价	—		
2.2	专业工程暂估价	600 000		
3	计日工	14 434.1		
4	总承包服务费			
5	索赔与现场签证			
合计		1 814 434.1		

注：材料（工程设备）暂估单价进入清单项目综合单价，此处不汇总

表 -12

暂列金额明细表见表 5-12。

表 5-12　暂列金额明细表

工程名称：建筑与装饰工程　　　　　　标段：广联达办公大厦　　　　第 1 页　共 1 页

序号	项目名称	计量单位	暂定金额 / 元	备注
1	暂列金额		1 200 000	
合计			1 200 000	

注：此表由招标人填写，如不能详列，也可只列暂列金额总额，投标人应将上述暂列金额计入投标总价

表 -12-1

材料（工程设备）暂估单价及调整表见表5-13。

表5-13　材料（工程设备）暂估单价及调整表

工程名称：建筑与装饰工程　　　　　　标段：广联达办公大厦　　　　第1页　共1页

序号	材料（工程设备）名称、规格、型号	计量单位	数量		暂估/元		确认/元		差额±/元		备注
			暂估	确认	单价	合价	单价	合价	单价	合价	
1	陶瓷地面砖 400 mm×400 mm	m²	733.5		60	44 010					
2	地砖踢脚	m²	38.862		35	1 360.17					
3	大理石板	m²	2 694.35		200	538 870					
4	塑钢门（带亮）	m²	6.048		380	2 298.24					
5	铝合金靠墙条板	m	82.65		100	8 265					
6	单层塑钢窗	m²	498.75		370	184 537.5					
7	墙面砖 150 mm×75 mm	m²	1 265		80	101 200					
合计						880 540.91					

注：此表由招标人填写"暂估单价"，并在备注栏说明暂估价的材料、工程设备拟用在哪些清单项目上，投标人应将上述材料、工程设备暂估单价计入工程量清单综合单价报价中

表－12-2

专业工程暂估价及结算价表见表5-14。

表5-14　专业工程暂估价及结算价表

工程名称：建筑与装饰工程　　　　　　标段：广联达办公大厦　　　　第1页　共1页

序号	工程名称	工程内容	暂估金额/元	结算金额/元	差额±/元	备注
1	专业工程暂估价	幕墙工程	600 000			
合计			600 000			—

注：此表"暂估金额"由招标人填写，投标人应将"暂估金额"计入投标总价。结算时按合同约定结算金额填写

表－12-3

计日工表见表 5–15。

表 5-15　计日工表

编号	项目名称	单位	暂定数量	实际数量	综合单价（元）	合价 暂定	合价 实际
一	人工						
1	力工	工日	30		155.7	4 600	
2	木工	工日	10		194.63	2 000	
3	瓦工	工日	10		233.55	2 300	
4	钢筋工	工日	10		194.63	2 000	
人工小计						10 900	
二	材料						
1	砂子（中砂）	m³	5		65	325	
2	水泥	t	5		460	2 300	
材料小计						2 625	
三	机械						
1	载重汽车	台班	1		810	800	
机械小计						800	
四、企业管理费和利润						2 609.1	
总计						16 934.1	

注：此表项目名称、暂定数量由招标人填写，编制招标控制价时，单价由招标人按有关计价规定确定；投标时，单价由投标人自主报价，按暂定数量计算合价计入投标总价。结算时，按发承包双方确认的实际数量计算合价

表 –12–4

规费、税金项目计价表见表 5–16。

表 5-16　规费、税金项目计价表

序号	项目名称	计算基础	计算基数	计算费率 /%	金额 / 元
1	规费	1.1 + 1.2 + 1.3			
1.1	社会保险费、养老保险费、失业保险费、医疗保险费、生育保险费、工伤保险费、住房公积金	人工费 × 核定的费率	1 000 000	12.01	120 100
1.2	残疾人就业保障金	人工费 × 费率	1 000 000	0.48	4 800
1.3	防洪基础设施建设资金	人工费 × 费率	1 000 000	0.48	4 800
2	税金		9 781 542.96	9	880 338.87
合计					1 010 038.87

编制人（造价人员）：　　　　　　　　　　　　　　　复核人（造价工程师）：

表 –13

任务四　招标控制价的封面与编制说明

一、任务说明

（1）招标控制价表格的组成；
（2）编制说明、扉页、封面的填写。

二、任务分析

（1）招标控制价和投标报价使用的表格一样吗？
（2）编制说明的填写和工程量清单有什么异同？

三、任务实施

1．招标控制价的使用表格

招标控制价使用表格包括封 -2、扉 -2、表 -01、表 -02、表 -03、表 -04、表 -08、表 -09、表 -11、表 -12（不含表 -12-6～表 -12-8）、表 -13、表 -20、表 -21 或表 -22。

2．扉页

扉页应按规定的内容填写、签字、盖章，除承包人自行编制的投标报价和竣工结算外，受委托编制的招标控制价、投标报价、竣工结算，由造价员编制的应由负责审核的造价工程师签字、盖章以及工程造价咨询人盖章。

3．总说明

总说明应按下列内容填写：

（1）工程概况：建设规模、工程特征、计划工期、合同工期、实际工期、施工现场及变化情况、施工组织设计的特点、自然地理条件、环境保护要求等。

（2）编制依据等。

4．招标控制价的装订顺序

（1）封面：封 -2。
（2）扉页：扉 -2。
（3）总说明：表 -01。
（4）建设项目招标控制价汇总表：表 -02。
（5）单项工程招标控制价汇总表：表 -03。
（6）单位工程招标控制价汇总表：表 -04。
（7）分部分项工程和单价措施项目清单与计价表：表 -08。
（8）综合单价分析表：表 -09。
（9）总价措施项目清单与计价表：表 -11。
（10）其他项目清单与计价汇总表：表 -12。
（11）暂列金额明细表：表 -12-1。

（12）材料（工程设备）暂估单价及调整表：表-12-2。

（13）专业工程暂估价及结算表：表-12-3。

（14）计日工表：表-12-4。

（15）总承包服务费计价表：表-12-5。

（16）规费、税金项目计价表：表-13。

（17）主要材料、工程设备一览表：表-20、表-21或表-22。

四、任务成果

总说明见表5-17。

表5-17　总说明

工程名称：某大厦建筑工程　　　　　　　　　　　　　　　　　　第1页　共1页

1. 工程概况：本工程建设地点位于某市某路20号。工程由30层高主楼及其南侧5层高的裙房组成。主楼与裙房间首层设过街通道作为消防疏散通道。建筑地下部分功能主要为地下车库兼设备用房。建筑面积：73 000 m²，主楼地上30层、地下3层，裙楼地上5层，地下3层；地下三层层高3.6 m、地下二层层高4.5 m、地下一层层高4.6 m、一、二、四层层高5.1 m，其余楼层层高为3.9 m。建筑檐高：主楼122.10 m，裙楼23.10 m。结构类型：主楼框架-剪力墙结构，裙楼框架工程；基础为钢筋混凝土桩基础。

2. 招标控制价包括范围：施工图（图纸工号：×××××，日期：××××年××月××日）范围内除室内精装修、外墙装饰等分包项目以外的建筑工程。

3. 招标控制价编制依据：

（1）招标文件提供的工程量清单及有关计价要求。

（2）工程施工设计图纸及相关资料。

（3）《吉林省建筑工程计价定额》（2023价目表）及相应计算规则、费用定额。

（4）建设项目相关的标准、规范、技术资料。

（5）工程类别判断依据及工程类别：依据建筑项目施工图建筑面积审核表、《吉林省建筑安装工程费用定额》，确定本工程类别为I类。

（6）人工工日单价、施工机械台班单价按工程造价管理机构现行规定计算。本例中人工工日单价按153元/工日计算。材料价格采用2023年工程造价信息第一季度信息价，对于没有发布信息价格的材料，其价格参照市场价确定。

（7）费用计算中各项费率按工程造价管理机构现行规定计算。

其他略

小贴士

敬业，首在爱业。对本职工作的热爱，是一种朴素的职业情感。敬业，次在勤业。业精于勤荒于嬉，立足本职岗位勤勉工作，是一种职业操守、职业品格。敬业，还需精业。精通业务，体现着职业上的价值追求。敬业笃行，推进人生实现从平凡到伟大、从优秀到卓越。

项目六　投标报价的编制

学习目标

（1）熟悉关于投标报价相关基本知识；
（2）按本企业实际情况、图纸和工程量清单正确计算投标报价；
（3）正确计算综合单价；
（4）熟悉投标报价的构成。

素质目标

从行业发展中讲家国、从行业规范中讲法治、从行业事件中讲廉政、从模范事迹中讲匠心，树立学生正确的人生观、价值观和世界观。

知识储备

一、投标价的概念

投标人投标时响应招标文件要求所报出的对已标价工程量清单汇总后标明的总价。

视频：投标报价
的编制

二、清单计价规范对投标报价的一般规定

（1）投标价应由投标人或受其委托具有相应资质的工程造价咨询人编制。
（2）投标人应依据清单计价规范的相关规定自主确定投标报价。
（3）投标报价不得低于工程成本。
（4）投标人必须按招标工程量清单填报价格。项目编码、项目名称、项目特征、计量单位、工程量必须与招标工程量清单一致。
（5）投标人的投标报价高于招标控制价的应予废标。

三、编制与复核

投标报价应根据下列依据编制和复核：

（1）《13计价规范》；

（2）国家或省级、行业建设主管部门颁发的计价办法；

（3）企业定额，国家或省级、行业建设主管部门颁发的计价定额和计价办法；

（4）招标文件、招标工程量清单及其补充通知、答疑纪要；

（5）建设工程设计文件及相关资料；

（6）施工现场情况、工程特点及投标时拟定的施工组织设计或施工方案；

（7）与建设项目相关的标准、规范等技术资料；

（8）市场价格信息或工程造价管理机构发布的工程造价信息；

（9）其他的相关资料。

招标文件中的工程量清单标明的工程量是投标人投标报价的共同基础。

四、投标报价步骤

（1）在编制投标报价前，需要先对招标工程量清单项目及工程量进行复核。

（2）投标报价的编制过程，应首先根据招标人提供的工程量清单编制分部分项工程项目清单计价表。

（3）编制措施项目清单计价表。

（4）编制其他项目清单计价表。

（5）编制规费、税金项目清单计价表。

（6）汇总得到单位工程投标报价汇总表。

（7）层层汇总，分别得出单项工程投标报价汇总表和工程项目投标总价汇总表。

任务一　分部分项工程量清单的投标报价

一、任务说明

（1）综合单价的构成；

（2）计算分部分项工程量清单投标报价。

二、任务分析

投标报价与招标控制价的综合单价的异同。

三、任务实施

编制分部分项工程费的核心是确定其综合单价。综合单价的确定方法与招标控制价的确定方法相同，但确定的依据有所差异，主要体现如下。

1. 工程量清单项目特征描述

工程量清单中项目特征的描述决定了清单项目的实质，直接决定了工程的价值，是投标人确定综合单价最重要的依据。

2. 企业定额

企业定额是施工企业根据本企业具有的管理水平、拥有的施工技术和施工机械装备水平而编制的，完成一个规定计量单位的工程项目所需的人工、材料、施工机械台班的消耗标准，是施工企业内部进行施工管理的标准，也是施工企业投标报价确定综合单价的依据之一。

3. 资源可获取价格

综合单价中的人工费、材料费、机械费是以企业定额的人、料、机消耗量乘以人、料、机的实际价格得出的，因此投标人拟投入的人、料、机等资源的可获取价格直接影响综合单价的高低。

4. 企业管理费费率、利润率

企业管理费费率可由投标人根据本企业近年的企业管理费核算数据自行测定，也可以参照当地造价管理部门发布的平均参考值。

利润率可由投标人根据本企业当前盈利情况、施工水平、拟投标工程的竞争情况以及企业当前经营策略自主确定。

5. 风险费用

招标文件中要求投标人承担的风险范围及其费用，投标人应在综合单价中予以考虑，通常以风险费率的形式进行计算。

风险费率应根据招标人要求结合投标人当前风险控制水平进行定量测算。

在施工过程中，当出现的风险内容及其范围（幅度）在招标文件规定的范围（幅度）内时，综合单价不得变动，工程款不做调整。

综合单价中应包括招标文件中划分的应由投标人承担的风险范围及其费用，招标文件中没有明确的，应提请招标人明确。

6. 暂估单价

招标文件中提供了暂估单价的材料，按暂估的单价计入综合单价。

任务二　措施项目清单投标报价

一、任务说明

（1）明确单价措施项目和总价措施项目的价格构成；
（2）按企业实际情况和施工组织设计正确计价。

二、任务分析

招标人在招标文件中列出的措施项目清单是根据一般情况确定的，没有考虑不同投标人的具体情况。因此，投标人投标报价时应根据自身拥有的施工装备、技术水平和采用的施工方法、确定的施工方案，对招标人所列的措施项目进行调整，并确定措施项目费。

三、任务实施

（1）措施项目中的单价项目，应根据招标文件和招标工程量清单项目中的特征描述确定，按综合单价计算。

（2）措施项目中的总价项目金额，应根据招标文件及投标时拟订的施工组织设计或施工方案，按照《13 计价规范》的规定自主确定。其中，安全文明施工费应按照国家或省级、行业建设主管部门的规定计算，不得作为竞争性费用。

（3）投标人可根据工程实际情况结合施工组织设计，对招标人所列的措施项目进行增补。

任务三　其他项目清单和规费、税金项目清单投标报价

一、任务说明

（1）其他项目清单的投标报价；
（2）规费、税金项目清单投标报价。

二、任务分析

（1）其他项目清单中哪几项内容不能变动？
（2）暂估材料价如何调整？计日工是不是综合单价？应如何计算？
（3）规费、税金项目清单是否可以调整？

三、任务实施

1. 其他项目报价

（1）暂列金额应按招标工程量清单中列出的金额填写，不得变动；
（2）材料、工程设备暂估价应按招标工程量清单中列出的单价计入综合单价，不得更改；
（3）专业工程暂估价应按招标工程量清单中列出的金额填写，不得更改；
（4）计日工应按招标工程量清单中列出的项目和数量，自主确定综合单价并计算计日工金额；
（5）总承包服务费应根据招标工程量清单中列出的内容和提出的要求自主确定。

2. 规费和税金报价

规费和税金报价必须按国家或省级、行业建设主管部门的规定计算，不得作为竞争性费用。具体计算和招标控制价相同。

任务四　投标报价封面与编制说明

一、任务说明

（1）投标报价表格的组成；

（2）编制说明、扉页、封面的填写。

二、任务分析

（1）投标报价和招标控制价使用的表格一样吗？

（2）编制说明的填写和招标控制价有什么异同？

三、任务实施

（1）投标报价的使用表格：投标报价使用的表格包括封-3、扉-3、表-01、表-02、表-03、表-04、表-08、表-09、表-11、表-12（不含表-12-6～表-12-8）、表-13、表-16，招标文件提供的表-20、表-21或表-22。

（2）招标工程量清单与计价表中列明的所有需要填写单价和合价的项目，投标人均应填写且只允许有一个报价。未填写单价和合价的项目，可视为此项费用已包含在已标价工程量清单中其他项目的单价和合价之中。当竣工结算时，此项目不得重新组价予以调整。

（3）五种表格报价完成后应进行投标总价汇总。投标总价应当与分部分项工程费、措施项目费、其他项目费和规费、税金的合计金额一致。

（4）扉页应按规定的内容填写、签字、盖章，除承包人自行编制的投标报价和竣工结算外，受委托编制的招标控制价、投标报价、竣工结算，由造价员编制的应由负责审核的造价工程师签字、盖章以及工程造价咨询人盖章。

（5）总说明应按下列内容填写。

1）工程概况：建设规模、工程特征、计划工期、合同工期、实际工期、施工现场及变化情况、施工组织设计的特点、自然地理条件、环境保护要求等。

2）编制依据等。

（6）投标报价的订装顺序。

1）封面：封-3。

2）扉页：扉-3。

3）总说明：表-01。

4）建设项目投标报价汇总表：表-02。

5）单项工程投标报价汇总表：表-03。

6）单位工程投标报价汇总表：表-04。

7）分部分项工程和单价措施项目清单与计价表：表-08。

8）综合单价分析表：表-09。

9）总价措施项目清单与计价表：表 –11。

10）其他项目清单与计价汇总表：表 –12。

11）暂列金额明细表：表 –12-1。

12）材料（工程设备）暂估单价及调整表：表 –12-2。

13）专业工程暂估价及结算表：表 –12-3。

14）计日工表：表 –12-4。

15）总承包服务费计价表：表 –12-5。

16）规费、税金项目计价表：表 –13。

17）主要材料、工程设备一览表：表 –20 表 –21 或表 –22。

小贴士

这部分是工程投标报价，会应用到 BIM 系列造价软件、建筑工程 3D 仿真实训平台、智慧建造理实虚数字化教学资源库、建筑云课堂等。当今时代，越来越多的前沿科技诞生，建筑行业加速向智能建造、数字化转型。党的二十大报告提出了实现中华民族伟大复兴的中国梦，以中国式现代化推进中华民族伟大复兴。

同学们，在这样的时代，我们该怎么做？

青年，是国家的脊梁，在中华民族伟大复兴的进程中，青年应不断助力中国式现代化的发展。未来 5 年是全面建设社会主义现代化国家开局起步的关键时期，在此时代背景下，我们应不断提高自身能力，不断加强学习，拓宽眼界和知识范围，我们要把学习当成一种工作责任、一种生活态度、一种健康的生活追求，不负青春、不负韶华。

模块二

实战案例

项目七 综合楼实战案例

实战背景资料

1. 工程概况及招标范围

（1）工程概况：本工程为钢筋混凝土框架结构建筑物，工程名称为综合楼，其建筑、结构施工图见图纸。总面积为 1 118.4 m²，层数为二层。

（2）工程地点：长春市区。本工程土壤类别为二类土，采用反铲挖掘机挖土，编制工程量清单时不考虑因工作面和放坡增加的工程量；基础土方回填采用电动打夯机夯实，基础回填所需土方采用人工运至 50 m 外，在现场内堆放；其余土方均采用自卸汽车外运 5 km 至弃土场；本工程混凝土均采用商品混凝土。

（3）招标范围：工程施工图内除卫生间内装饰外的全部工程内容。

（4）本工程计划工期为 120 天，经计算定额工期为 120 天，合同约定开工日期为 2024 年 4 月 15 日。

2. 招标控制价编制依据

编制依据：该工程的招标控制价依据《13 计价规范》《吉林省建筑工程计价定额》（2019）、《吉林省装饰工程计价定额》（2019）及配套解释、相关规定，结合工程设计及相关资料、施工现场情况、工程特点及合理的施工方法，以及建设工程项目的相关标准、规范、技术资料编制。

3. 造价编制要求

（1）价格约定。

1）除暂估材料及甲供材料外，材料价格按"2023 年 1 季度长春市建设工程主要材料综合价格"及市场价计取。

2）建筑工程人工费按 180 元 / 工日计，装饰工程人工费按 200 元 / 工日计。

3）税金按 10% 计取。

4）安全文明施工费、规费足额计取。

5）暂列金额为 10 万元。

6）桩基工程为暂估专业工程 6 万元。

（2）其他要求。

1）不考虑土方外运，不考虑买土。

2）全部采用商品混凝土，运距 10 km。

3）不考虑总承包服务费及施工配合费。

4. 甲供材料一览表

甲供材料一览表见表 7-1。

表 7-1　甲供材料一览表

序号	名称	规格型号	单位	单价 / 元
1	C15 商品混凝土	最大粒径 20 mm	m³	360
2	C30 商品混凝土	最大粒径 20 mm	m³	390

5. 材料暂估单价表

材料暂估单价表见表 7-2。

表 7-2　材料暂估单价表

序号	名称	规格型号	单位	单价 / 元
1	地面砖	0.16 m² 以内	m²	60
2	地砖踢脚	高度 100 mm	m	35
3	大理石地面	0.25 m² 以外	m²	200
4	大理石踢脚	高度 100 mm	m	42
5	塑钢单玻平开门		m²	380

6. 计日工表

计日工表见表 7-3。

表 7-3　计日工表

序号	名称	工程量	单位	单价 / 元	备注
一	人工				
1	力工	30	工日	120	
2	木工	10	工日	150	
3	瓦工	10	工日	180	
4	钢筋工	10	工日	150	
二	材料				
1	砂子（中粗）	5	m³	65	
2	水泥 32.5 级	5	t	460	
三	施工机械				
1	载重汽车	1	台班	800	

7. 评标办法

评标活动遵循公平、公正、科学、择优的原则。评标委员会由招标人或其委托的招标代理机构熟悉相关业务的代表，以及有关技术、经济等方面的专家组成，成员人数为 5 人以上单数，其中技术、经济等方面的专家不得少于成员总数的三分之二。评标委员会的专家成员应当从依法组建的专家库内的相关专家名单中确定。经初步评审合格的投标文件，评标委员会应当根据招标文件确定的评标标准和方法，对其技术部分和商务部分做进一步评审、比较。根据经评审的最低投标价法，能够满足招标文件的实质性要求，并且经评审的最接近标底的投标价的投标，应当推荐为中标候选人。

8. 报价单

报价单见表 7-4。

表 7-4　报价单

工程名称：		第　　　标段	（项目名称）
工程控制价 / 万元			
其中	安全文明施工措施费 / 万元		
	税金 / 万元		
	规费 / 万元		
除不可竞争费外工程造价 / 万元			
措施项目费用合计（不含安全文明施工措施费）/ 万元			

综合楼实战任务书

一、工程实战指导思想

以实际的工程项目为前提；以培养学生建筑工程工程量清单编制的实际操作能力为目的；以图纸、手工计算为主，紧密结合《13 计价规范》《房屋建筑计算规范》、当地现行定额、国家规范和相关的造价文件，力求培养学生对实际工程的计量与计价的管理能力和分析能力；为本专业的毕业生将来在施工企业、招标代理、造价咨询公司、房地产企业等单位从事工程造价相关工作打下扎实的理论和实践基础，在激烈的人才竞争中充分发挥自己的专业优势。

二、工程实战的目的

（1）通过本学期理论课程的学习和工程实战演练，学生在学习、实践的过程中，逐步理解所学的专业知识，培养综合运用理论知识和专业技能的能力，学会分析和解决在编制工程量清单过程中遇到的实际问题，并熟悉其工作程序和编制方法，为今后走上工作岗位打下扎实的基础。

（2）学生在教师指导下，根据课程设计任务书的要求，综合运用所学的知识，独立地完成设计相关资料的搜集整理，清单工程量计算，按课堂上教师的讲解，完成相应环节的计算，按工程量清单的编制流程，一步一步，直至完成整个工程量清单的编制。并在此过程中，掌握工程量清单的基本编制方法，以达到提高建筑工程计量与计价能力的目的。

三、工程实战内容与步骤

实战内容：按图纸和清单计价规范计算清单工程量、编制工程量清单、计算招标控制价。

1. 熟悉设计资料

熟悉综合楼图纸，《13 计价规范》和《房屋建筑计算规范》，相关现行的标准图集、规范，当地建筑工程计价定额、装饰工程计价定额、费用定额等资料，结合实际情况进行设计。

2. 清单工程量的计算

依据《13 计价规范》的要求、《房屋建筑计算规范》的工程量计算规则的规定、综合楼图纸、施工实际情况，手工完成分部分项工程和单价措施项目清单工程量的计算，填写工程量计算表。

3. 完整工程量清单编制

（1）分部分项工程和单价措施项目工程量清单的编制：依据计算的清单工程量、施工图纸和工程实际，按《房屋建筑计算规范》附录中规定的项目编码、项目名称、项目特征、计量单位和工程量计算规则及工作内容填写清单表格。

视频：综合楼分部分项工程量清单编制（一）

（2）总价措施项目清单的编制：按《房屋建筑计算规范》附录的规定，完成总价措施项目清单表格的填写。

（3）其他项目清单的编制。

（4）规费、税金项目清单的编制。

（5）填写总说明、封面、扉页并订装成册。

视频：综合楼分部分项工程量清单编制（二）

4. 清单计价

根据已编制完成的工程量清单，按定额、图纸和给定的背景资料给出招标控制价。

（1）学会工程造价的构成、综合单价的计算。填写工程量清单综合单价分析表。

（2）分部分项工程量清单的报价：依据建筑工程计价定额、装饰工程计价定额、市场价格信息、综合楼图纸、施工实际情况、已编制完成的工程量清单，逐项套取定额，给出报价。这一环节先掌握原理，然后借助计价软件完成工程计价。

（3）措施项目工程量清单计价的编制：依据编制完成的措施项目工程量清单、施工图纸和工程实际，分别给出报价。

（4）其他项目清单的计价：按编制完成的措施项目工程量清单，完成其他项目清单计价。

（5）规费、税金项目清单的计价。

（6）填写总说明、封面、扉页并订装成册。

四、教学过程安排

（1）布置任务；

（2）任务分析；

（3）知识准备；

（4）任务实施；

（5）检测评价；

（6）修改成果；

（7）上交成果。

五、工程实战需上交资料及形式

工程实战需上交资料包括封面，扉页，总说明，分部分项工程和单价措施项目清单与计价表，总价措施项目清单与计价表，其他项目清单与计价表，规费、税金项目计价表，工程量手工计算稿。

六、工程实战考核方法

建筑工程计量与计价课程取消期末考试，完全按每次课堂任务的完成情况给分，学科成绩分为"学生自评、互评和教师评价"三方面，按学生在课堂的表现、参与项目的程度和实训成果、答辩成绩给出分数。

综合楼清单工程量计算表

工程量计算表

序号	分部分项工程名称	单位	计算式	计算结果

工程量计算表

序号	分部分项工程名称	单位	计算式	计算结果

工程量计算表

序号	分部分项工程名称	单位	计算式	计算结果

工程量计算表

序号	分部分项工程名称	单位	计算式	计算结果

工程量计算表

序号	分部分项工程名称	单位	计算式	计算结果

工程量计算表

序号	分部分项工程名称	单位	计算式	计算结果

工程量计算表

序号	分部分项工程名称	单位	计算式	计算结果

工程量计算表

序号	分部分项工程名称	单位	计算式	计算结果

工程量计算表

序号	分部分项工程名称	单位	计算式	计算结果

工程量计算表

序号	分部分项工程名称	单位	计算式	计算结果

_____工程

招标工程量清单

招　标　人：_____

（单位盖章）

造价咨询人：_____

（单位盖章）

年　　月　　日

封 –1

_____工程

招标工程量清单

招　标　人：_____　　　　造价咨询人：_____

　　　　　（单位盖章）　　　　　　　　　　　　（单位资质专用章）

法定代表人　　　　　　　　　　　　　法定代表人
或其授权人：_____　　　　或其授权人：_____

　　　　　（签字或盖章）　　　　　　　　　　　（签字或盖章）

编　制　人：_____　　　　复　核　人：_____

　　　（造价人员签字盖专用章）　　　　　（造价工程师签字盖专用章）

编 制 时 间：_____　　　　复 核 时 间：_____

总说明

工程名称：

表 –01

135

分部分项工程和单价措施项目清单与计价表

工程名称：　　　　　　　　　　　　　标段：　　　　　　　　　第 页 共 页

序号	项目编码	项目名称	项目特征描述	计量单位	工程量	金额/元		
						综合单价	合价	其中
								暂估价
	本页小计							
	合计							

表 –08

分部分项工程和单价措施项目清单与计价表

工程名称：　　　　　　　　　　　标段：　　　　　　　　第 页 共 页

序号	项目编码	项目名称	项目特征描述	计量单位	工程量	金额／元		
						综合单价	合价	其中
								暂估价
本页小计								
合计								

表 -08

137

分部分项工程和单价措施项目清单与计价表

工程名称：　　　　　　　　　　　　　标段：　　　　　　　　　　第　页　共　页

序号	项目编码	项目名称	项目特征描述	计量单位	工程量	金额 / 元		
						综合单价	合价	其中
								暂估价
		本页小计						
		合计						

表 –08

分部分项工程和单价措施项目清单与计价表

序号	项目编码	项目名称	项目特征描述	计量单位	工程量	金额／元		
						综合单价	合价	其中
								暂估价
本页小计								
合计								

表 -08

分部分项工程和单价措施项目清单与计价表

工程名称：   标段：   第 页 共 页

序号	项目编码	项目名称	项目特征描述	计量单位	工程量	金额／元		
						综合单价	合价	其中
								暂估价
本页小计								
合计								

表－08

分部分项工程和单价措施项目清单与计价表

工程名称：　　　　　　　　　　　　　标段：　　　　　　　　　　第 页 共 页

序号	项目编码	项目名称	项目特征描述	计量单位	工程量	金额／元			
						综合单价	合价	其中	
								暂估价	
本页小计									
合计									

表 −08

总价措施项目清单与计价表

工程名称：   标段：   第 页 共 页

序号	项目编码	项目名称	计算基础	费率/%	金额/元	调整费率/%	调整后金额/元	备注
		安全文明施工费						
		夜间施工增加费						
		二次搬运费						
		冬雨季施工增加费						
		已完工程及设备保护费						
		合计						
编制人（造价人员）				复核人（造价工程师）				

注：1."计算基础"中安全文明施工费可为"定额基价""定额人工费"或"定额人工费＋定额机械费"，其他项目可为"定额人工费"或"定额人工费＋定额机械费"。

2.按施工方案计算的措施费，若无"计算基础"和"费率"的数值，也可只填"金额"数值，但应在备注栏说明施工方案出处或计算方法

表–11

其他项目清单与计价汇总表

工程名称：　　　　　　　　　　　标段：　　　　　　　　第　页　共　页

序号	项目名称	金额/元	结算金额/元	备注
1	暂列金额			
2	暂估价			
2.1	材料（工程设备）暂估价	—		
2.2	专业工程暂估价			
3	计日工			
4	总承包服务费			
5	索赔与现场签证			
	合计			

注：材料（工程设备）暂估单价进入清单项目综合单价，此处不汇总

表 –12

143

暂列金额明细表

工程名称： 标段： 第 页 共 页

序号	项目名称	计量单位	暂定金额/元	备注
	合计			

注：此表由招标人填写，如不能详列，也可只列暂定金额总额，投标人应将上述暂列金额计入投标总价中

材料（工程设备）暂估单价及调整表

工程名称：   标段：   第　页　共　页

序号	材料（工程设备）名称、规格、型号	计量单位	数量		暂估/元		确认/元		差额 ±/元		备注
			暂估	确认	单价	合价	单价	合价	单价	合价	
合计											

注：此表由招标人填写"暂估单价"，并在备注栏说明暂估价的材料、工程设备拟用在哪些清单项目上，投标人应将上述材料、工程设备暂估单价计入工程量清单综合单价报价中

表-12-2

专业工程暂估价及结算价表

工程名称：　　　　　　　　　　　　　标段：　　　　　　　　　第　页　共　页

序号	工程名称	工程内容	暂估金额/元	结算金额/元	差额 ±/元	备注
合计						

注：此表"暂估金额"由招标人填写，投标人应将"暂估金额"计入投标总价。结算时按合同约定结算金额填写

表 -12-3

计日工表

编号	项目名称	单位	暂定数量	实际数量	综合单价/元	合价	
						暂定	实际
一	人工						
人工小计							
二	材料						
材料小计							
三	施工机械						
施工机械小计							
四、企业管理费和利润							
总计							

注：此表项目名称、暂定数量由招标人填写，编制招标控制价时，单价由招标人按有关计价规定确定；投标时，单价由投标人自主报价，按暂定数量计算合价计入投标总价。结算时，按发承包双方确认的实际数量计算合价

表-12-4

总承包服务费计价表

工程名称：　　　　　　　　　　　标段：　　　　　　　　　第　页　共　页

序号	项目名称	项目价值/元	服务内容	计算基础	费率/%	金额/元
合计						

注：此表项目名称、服务内容由招标人填写，编制招标控制价时，费率及金额由招标人按有关计价规定确定；投标时，费率及金额由投标人自主报价，计入投标总价中

规费、税金项目计价表

工程名称：   标段：   第 页 共 页

序号	项目名称	计算基础	计算基数	计算费率 / %	金额 / 元
	合计				

编制人（造价人员）		复核人（造价工程师）	

表 –13

_____工程

招标控制价

招　标　人：_____

（单位盖章）

造价咨询人：_____

（单位盖章）

年　月　日

封 –2

_____工程

招标控制价

招标控制价（小写）：_____

（大写）：_____

招　标　人：_____　　　　造价咨询人：_____

（单位盖章）　　　　　　　　　　　　（单位资质专用章）

法定代表人　　　　　　　　　　　　法定代表人
或其授权人：_____　　　　或其授权人：_____

（签字或盖章）　　　　　　　　　　　（签字或盖章）

编　制　人：_____　　　　复　核　人：_____

（造价人员签字盖专用章）　　　　　（造价工程师签字盖专用章）

编 制 时 间：_____　　　　复 核 时 间：_____

单位工程招标控制价汇总表

工程名称：　　　　　　　　　　标段：　　　　　　　　　　第　页　共　页

序号	汇总内容	金额／元	其中：暂估价／元
1	分部分项工程		
2	措施项目		
2.1	其中：安全文明施工费		
3	其他项目		—
3.1	其中：暂列金额		
3.2	其中：专业工程暂估价		
3.3	其中：计日工		
3.4	其中：总承包服务费		
4	规费		—
5	优质优价增加费		
6	税金		—
招标控制价合计＝1＋2＋3＋4＋5＋6			
注：本表适用于单位工程招标控制价或投标报价的汇总，如无单位工程划分，单项工程也使用本表汇总			

表 -04

152

<h1>综合单价分析表</h1>

工程名称：　　　　　　　　　　　　　标段：　　　　　　　　　　　第　页　共　页

项目编码		项目 名称		计量 单位			工程量	

<table>
<tr><td colspan="12" align="center">清单综合单价组成明细</td></tr>
<tr><td rowspan="2">定额
编号</td><td rowspan="2">定额项
目名称</td><td rowspan="2">定额
单位</td><td rowspan="2">数量</td><td colspan="4" align="center">单价</td><td colspan="4" align="center">合价</td></tr>
<tr><td>人工费</td><td>材料费</td><td>机械费</td><td>管理费
和利润</td><td>人工费</td><td>材料费</td><td>机械费</td><td>管理费
和利润</td></tr>
<tr><td></td><td></td><td></td><td></td><td></td><td></td><td></td><td></td><td></td><td></td><td></td><td></td></tr>
<tr><td></td><td></td><td></td><td></td><td></td><td></td><td></td><td></td><td></td><td></td><td></td><td></td></tr>
<tr><td></td><td></td><td></td><td></td><td></td><td></td><td></td><td></td><td></td><td></td><td></td><td></td></tr>
<tr><td></td><td></td><td></td><td></td><td></td><td></td><td></td><td></td><td></td><td></td><td></td><td></td></tr>
<tr><td></td><td></td><td></td><td></td><td></td><td></td><td></td><td></td><td></td><td></td><td></td><td></td></tr>
<tr><td colspan="2" align="center">人工单价</td><td colspan="6" align="center">小计</td><td></td><td></td><td></td><td></td></tr>
<tr><td colspan="2" align="center">元 / 工日</td><td colspan="6" align="center">未计价材料费</td><td></td><td></td><td></td><td></td></tr>
<tr><td colspan="4" align="center">清单项目综合单价</td><td colspan="8"></td></tr>
</table>

主要材料名称、规格、型号		单位	数量	单价 /元	合价 /元	暂估 单价 /元	暂估合 价/元
材料费明细							
	其他材料费						
	材料费小计						

注：1. 如不使用省级或行业建设主管部门发布的计价依据，可不填定额编号、名称等。

2. 招标文件提供了暂估单价的材料，按暂估的单价填入表内"暂估单价"栏及"暂估合价"栏

表 –09

153

在工程量清单的编制中，我们尝试了团队合作，分组完成任务。

一堆砂子是松散的，可它和水泥、石子、水混合后，比花岗石还坚硬。在将来的生活与工作中，一个人没有朋友，单枪匹马作战是很痛苦的，也很难取得成功。

自从1994年罗宾斯提出"团队"的概念，就是"team"，在随后的日子里，关于"团队合作"的理念风靡全球，你们也一样，在将来的职业生涯中，很多工作一个人是不可能独立完成的，我们现在就要养成"团队合作的意识"，当团队合作自觉自愿时，它必将产生强大且持久的力量。

项目八　1号办公楼实战案例

背景资料

1. 工程概况及招标范围

（1）工程概况：本工程为钢筋混凝土框架结构建筑物，工程名称为1号办公楼，其建筑、结构施工图见图纸。总面积为 5 183.04 m²，层数为四层。

（2）工程地点：长春市区。本工程土壤类别为二类土，采用反铲挖掘机挖土，编制工程量清单时不考虑因工作面和放坡增加的工程量；基础土方回填采用电动打夯机夯实，基础回填所需土方采用人工运至 50 m 外，在现场内堆放；其余土方均采用自卸汽车外运 5 km 至弃土场；本工程混凝土均采用商品混凝土。

（3）招标范围：工程施工图内除卫生间内装饰外的全部工程内容。

（4）本工程计划工期为 120 天，经计算定额工期为 120 天，合同约定开工日期为 2024 年 4 月 15 日。

2. 招标控制价编制依据

编制依据：该工程的招标控制价依据《13 计价规范》《吉林省建筑工程计价定额》（2019）、《吉林省装饰工程计价定额》（2019）及配套解释、相关规定，结合工程设计及相关资料、施工现场情况、工程特点及合理的施工方法，以及建设工程项目的相关标准、规范、技术资料编制。

3. 造价编制要求

（1）价格约定。

1）除暂估材料及甲供材料外，材料价格按"2023 年 1 季度长春市建设工程主要材料综合价格"及市场价计取。

2）建筑工程人工费按 180 元 / 工日计，装饰工程人工费按 200 元 / 工日计。

3）税金按 9% 计取。

4）安全文明施工费、规费足额计取。

5）暂列金额为 12 万元。

6）幕墙工程（含预埋件）为暂估专业工程 6 万元。

（2）其他要求。

1）不考虑土方外运，不考虑买土。

2）全部采用商品混凝土，运距 10 km。

3）不考虑总承包服务费及施工配合费。

4. 甲供材料一览表

甲供材料一览表见表 8-1。

表 8-1　甲供材料一览表

序号	名称	规格型号	单位	单价/元
1	C15 商品混凝土	最大粒径 20 mm	m³	360
2	C30 商品混凝土	最大粒径 20 mm	m³	390

5. 材料暂估单价表

材料暂估单价表见表 8-2。

表 8-2　材料暂估单价表

序号	名称	规格型号	单位	单价/元
1	地面砖	0.16 m² 以内	m²	60
2	地砖踢脚	高度 100 mm	m	35
3	大理石地面	0.25 m² 以外	m²	200
4	大理石踢脚	高度 100 mm	m	42
5	塑钢单玻平开门		m²	380

6. 计日工表

计日工表见表 8-3。

表 8-3　计日工表

序号	名称	工程量	单位	单价/元	备注
一	人工				
1	力工	30	工日	120	
2	木工	10	工日	150	
3	瓦工	10	工日	180	
4	钢筋工	10	工日	150	
二	材料				
1	砂子（中粗）	5	m³	65	
2	水泥 32.5 级	5	t	460	
三	施工机械				
1	载重汽车	1	台班	800	

7. 评标办法

评标活动遵循公平、公正、科学、择优的原则。评标委员会由招标人或其委托的招标代理机构熟悉相关业务的代表，以及有关技术、经济等方面的专家组成，成员人数为 5 人以上单数，其中技术、经济等方面的专家不得少于成员总数的三分之二。评标委员会的专家成员应当从依法组建的专家库内的相关专家名单中确定。经初步评审合格的投标文件，评标委员会应当根据招标文件确定的评标标准和方法，对其技术部分和商务部分做进一步评审、比较。根据经评审的最低投标价法，能够满足招标文件的实质性要求，并且经评审的最接近标底的投标价的投标，应当推荐为中标候选人。

8. 报价单

报价单见表 8-4。

表 8-4　报价单

工程名称：	第　　　标段	（项目名称）	
工程控制价 / 万元			
其中	安全文明施工措施费 / 万元		
	税金 / 万元		
	规费 / 万元		
除不可竞争费外工程造价 / 万元			
措施项目费用合计（不含安全文明施工措施费）/ 万元			

1 号办公楼实战任务书

一、工程实战指导思想

以实际的工程项目为前提；以培养学生建筑工程工程量清单编制的实际操作能力为目的；以图纸、手工计算为主，紧密结合《13 计价规范》《房屋建筑计算规范》、当地现行定额、国家规范和相关的造价文件，力求培养学生对实际工程的计量与计价的管理能力和分析能力；为本专业的毕业生将来在施工企业、招标代理、造价咨询公司、房地产企业等单位从事工程造价相关工作打下扎实的理论和实践基础，在激烈的人才竞争中充分发挥自己的专业优势。

二、工程实战的目的

（1）通过本学期理论课程的学习和工程实战演练，学生在学习、实践的过程中，逐步理解所学的专业知识，培养综合运用理论知识和专业技能的能力，学会分析和解决在编制工程量清单过程中遇到的实际问题，并熟悉其工作程序和编制方法；为今后走上工作岗位打下扎实的基础。

（2）学生在教师指导下，根据课程设计任务书的要求，综合运用所学的知识，独立地完成设计相关资料的搜集整理，按课堂上教师的讲解，完成相应环节的计算，按工程量清单的编制流程，一步一步，直至完成整个工程量清单的编制。并在此过程中，掌握工程量清单的基本编制方法，以达到提高建筑工程计量与计价能力的目的。

三、工程实战内容与步骤

实战内容——清单计价：按图纸和清单计价规范编制工程量清单。

（1）熟悉设计资料。熟悉1号办公楼图纸，《13计价规范》和《房屋建筑计算规范》，相关现行的标准图集、规范，当地建筑工程计价定额、装饰工程计价定额、费用定额等资料，结合实际情况进行设计。

（2）清单工程量的计算。依据《13计价规范》的要求、《房屋建筑计算规范》的工程量计算规则的规定、1号办公楼图纸、施工实际情况，手工完成分部分项工程和单价措施项目清单工程量的计算，填写工程量计算表。

（3）分部分项工程和单价措施项目工程量清单的编制。依据计算的清单工程量、施工图纸和工程实际，按《房屋建筑计算规范》附录中规定的项目编码、项目名称、项目特征、计量单位、工程量计算规则和工作内容填写清单表格。

（4）总价措施项目清单的编制。按《房屋建筑计算规范》附录的规定，完成总价措施项目清单表格的填写。

（5）其他项目清单的编制。

（6）规费、税金项目清单的编制。

（7）填写总说明、封面、扉页并装订成册。

四、教学过程安排

（1）布置任务；

（2）任务分析；

（3）知识准备；

（4）任务实施；

（5）检测评价；

（6）修改成果；

（7）上交成果。

五、工程实战需上交资料及形式

工程实战需上交资料包括封面，扉页，总说明，分部分项工程和单价措施项目清单与计价表，总价措施项目清单与计价表，其他项目清单与计价表，规费、税金项目计价表，工程量手工计算稿。

六、工程实战考核方法

建筑工程计量与计价课程取消期末考试，完全按每次课堂任务的完成情况给分，学科成绩分为"学生自评、互评和教师评价"三方面，按学生在课堂的表现、参与项目的程度和实训成果、答辩成绩给出分数。

1号办公楼清单工程量计算表

工程量计算表

序号	分部分项工程名称	单位	计算式	计算结果

工程量计算表

序号	分部分项工程名称	单位	计算式	计算结果

工程量计算表

序号	分部分项工程名称	单位	计算式	计算结果

工程量计算表

序号	分部分项工程名称	单位	计算式	计算结果

工程量计算表

序号	分部分项工程名称	单位	计算式	计算结果

工程量计算表

序号	分部分项工程名称	单位	计算式	计算结果

工程量计算表

序号	分部分项工程名称	单位	计算式	计算结果

工程量计算表

序号	分部分项工程名称	单位	计算式	计算结果

工程量计算表

序号	分部分项工程名称	单位	计算式	计算结果

工程量计算表

序号	分部分项工程名称	单位	计算式	计算结果

工程量清单

_____工程

招标工程量清单

招　标　人：_____

（单位盖章）

造价咨询人：_____

（单位盖章）

年　　月　　日

_____工程

招标工程量清单

招　标　人：_____   　　造价咨询人：_____

　　　　（单位盖章）　　　　　　　　　　　　（单位资质专用章）

法定代表人　　　　　　　　　　　法定代表人
或其授权人：_____   　或其授权人：_____

　　　　（签字或盖章）　　　　　　　　　　　（签字或盖章）

编　制　人：_____   　复　核　人：_____

　　（造价人员签字盖专用章）　　　　　（造价工程师签字盖专用章）

编 制 时 间：_____   　复 核 时 间：_____

总说明

工程名称：

表 –01

分部分项工程和单价措施项目清单与计价表

工程名称：　　　　　　　　　　　　　标段：　　　　　　　　　　　第　页　共　页

序号	项目编码	项目名称	项目特征描述	计量单位	工程量	金额／元		
						综合单价	合价	其中
								暂估价
本页小计								
合计								

表 -08

分部分项工程和单价措施项目清单与计价表

工程名称：   标段：   第 页 共 页

序号	项目编码	项目名称	项目特征描述	计量单位	工程量	金额／元		
						综合单价	合价	其中
								暂估价
本页小计								
合计								

表－08

173

分部分项工程和单价措施项目清单与计价表

工程名称：　　　　　　　　　　　标段：　　　　　　　第 页 共 页

序号	项目编码	项目名称	项目特征描述	计量单位	工程量	综合单价	合价	其中
								暂估价
	本页小计							
	合计							

（表头"金额/元"为综合单价、合价、其中三列的合并标题）

表 –08

分部分项工程和单价措施项目清单与计价表

工程名称：　　　　　　　　　　　　标段：　　　　　　　　　　第　页　共　页

序号	项目编码	项目名称	项目特征描述	计量单位	工程量	金额／元		
						综合单价	合价	其中
								暂估价
本页小计								
合计								

表－08

175

分部分项工程和单价措施项目清单与计价表

工程名称：　　　　　　　　　　　　标段：　　　　　　　　　　第　页　共　页

序号	项目编码	项目名称	项目特征描述	计量单位	工程量	金额/元			
						综合单价	合价	其中	
								暂估价	
	本页小计								
	合计								

表-08

176

分部分项工程和单价措施项目清单与计价表

工程名称：　　　　　　　　　　　　　　标段：　　　　　　　　　第　页　共　页

序号	项目编码	项目名称	项目特征描述	计量单位	工程量	金额／元			
						综合单价	合价	其中	
								暂估价	
本页小计									
合计									

表 –08

总价措施项目清单与计价表

工程名称：　　　　　　　　　　标段：　　　　　　　第 页 共 页

序号	项目编码	项目名称	计算基础	费率/%	金额/元	调整费率/%	调整后金额/元	备注
		安全文明施工费						
		夜间施工增加费						
		二次搬运费						
		冬雨季施工增加费						
		已完工程及设备保护费						
		合计						

编制人（造价人员）			复核人（造价工程师）	

注：1. "计算基础"中安全文明施工费可为"定额基价""定额人工费"或"定额人工费＋定额机械费"，其他项目可为"定额人工费"或"定额人工费＋定额机械费"。

2. 按施工方案计算的措施费，若无"计算基础"和"费率"的数值，也可只填"金额"数值，但应在备注栏说明施工方案出处或计算方法

表－11

其他项目清单与计价汇总表

工程名称：　　　　　　　　　　标段：　　　　　　　　第　页　共　页

序号	项目名称	金额/元	结算金额/元	备注
1	暂列金额			
2	暂估价			
2.1	材料暂估价			
2.2	专业工程暂估价			
3	计日工			
4	总承包服务费			
5	索赔与现场签证			
	合计			

注：材料（工程设备）暂估单价进入清单项目综合单价，此处不汇总

表-12

暂列金额明细表

工程名称：　　　　　　　　　　标段：　　　　　　　　　第　页　共　页

序号	项目名称	计量单位	暂定金额／元	备注
	合计			

注：此表由招标人填写，如不能详列，也可只列暂定金额总额，投标人应将上述暂列金额计入投标总价中

表－12-1

材料（工程设备）暂估单价及调整表

序号	材料（工程设备）名称、规格、型号	计量单位	数量		暂估/元		确认/元		差额±/元		备注
			暂估	确认	单价	合价	单价	合价	单价	合价	
	合计										

注：此表由招标人填写"暂估单价"，并在备注栏说明暂估价的材料、工程设备拟用在哪些清单项目上，投标人应将上述材料、工程设备暂估单价计入工程量清单综合单价报价中

表–12-2

181

专业工程暂估价及结算价表

工程名称：   标段：   第　页　共　页

序号	工程名称	工程内容	暂估金额/元	结算金额/元	差额 ±/元	备注
	合计					

注：此表"暂估金额"由招标人填写，投标人应将"暂估金额"计入投标总价。结算时按合同约定结算金额填写

表 -12-3

计日工表

工程名称：　　　　　　　　　　标段：　　　　　　　　　第 页 共 页

编号	项目名称	单位	暂定数量	实际数量	综合单价/元	合价/元	
						暂定	实际
一	人工						
	人工小计						
二	材料						
	材料小计						
三	施工机械						
	施工机械小计						
四、企业管理费和利润							
	总计						

注：此表项目名称、暂定数量由招标人填写，编制招标控制价时，单价由招标人按有关计价规定确定；投标时，单价由投标人自主报价，按暂定数量计算合价计入投标总价。结算时，按发承包双方确认的实际数量计算合价

表 –12–4

总承包服务费计价表

工程名称： 标段： 第 页 共 页

序号	项目名称	项目价值/元	服务内容	计算基础	费率/%	金额/元
合计						

注：此表项目名称、服务内容由招标人填写，编制招标控制价时，费率及金额由招标人按有关计价规定确定；投标时，费率及金额由投标人自主报价，计入投标总价

表 −12−5

规费、税金项目计价表

工程名称：　　　　　　　　　　　　　　　标段：　　　　　　　　　　　第 　页 共 　页

序号	项目名称	计算基础	计算基数	计算费率 / %	金额 / 元
	合计				

编制人（造价人员）　　　　　　　　　　复核人（造价工程师）

表 –13

　　我们来谈谈二十大报告中的"人才强国战略"。习近平说"深入实施人才强国战略""加快建设世界重要人才中心和创新高地"。我们该如何理解"人才强国战略"呢？

　　"盖有非常之功，必待非常之人。"党的二十大从深入实施科教兴国战略、人才强国战略、创新驱动发展战略的角度，明确了为什么建设国家战略人才力量、什么是国家战略人才力量、怎样建设国家战略人才力量的重大理论和实践问题。

　　"济济多士，乃成大业；人才蔚起，国运方兴。"面对世界百年未有之大变局，锚定 2035 年实现高水平科技自立自强、进入创新型国家前列、建成人才强国的阶段性目标，明确国家战略人才力量建设的重要任务、总体要求、梯队结构及培养方式，让广大人才创新创造活力充分迸发，让各路高贤聪明才智竞相涌流，中华民族伟大复兴的中国梦定能实现！

项目九　BIM 实训中心模拟招标实战演习

BIM 实训中心实战演习任务书

一、课程设计指导思想

　　以实际的工程项目为前提；以培养学生施工图预算、工程量清单文件编制、工程量清单计价文件编制的实际操作能力为目的；以图纸、手工计算为主，紧密结合现行定额、清单计价规范和相关的造价文件，力求培养学生对实际工程的计量与计价的管理能力和分析能力，为本专业的毕业生将来在施工企业、招标代理、造价咨询公司、房地产企业等单位从事工程造价相关工作打下扎实的理论和实践基础，在激烈的人才竞争中充分发挥自己的专业优势。

BIM 实训中心
配套图纸

二、课程设计的目的

　　（1）通过本学期理论课程的学习和课程设计，学生在学习、实践的过程中，逐步理解所学的专业知识，培养学生综合运用理论知识和专业技能的能力，学会分析和解决在工程量清单编制、清单计价、清单招标投标中的实际问题，并熟悉其工作程序和方法；为今后走上工作岗位打下扎实的基础。

视频：BIM 实
训中心项目清单
编制流程（一）

　　（2）学生在教师指导下，根据课程设计任务书的要求，综合运用所学的知识，独立地完成设计相关资料的搜集整理，完成施工图预算、工程量清单文件的编制、工程量清单报价文件的编制，掌握建设工程计量与计价的基本编制方法，参加并通过答辩。

三、课程设计步骤与内容

　　课程设计的工作程序基本上可分为课程设计和答辩两个阶段。

（一）课程设计阶段

1. 熟悉设计资料

　　某 BIM 实训中心图纸，相关现行的标准图集、规范，《吉林省建筑工程计价定额》（2019）、《吉林省装饰工程计价定额》（2019）、《吉林省建设工程费用定额》（2019）、《13 计价规范》和《房屋建筑计算规范》等，结合实际情况进行设计。

2. 工程量的计算

依据《吉林省建筑工程计价定额》《吉林省装饰工程计价定额》和《房屋建筑计算规范》，手工完成清单、定额工程量的计算。填写工程量计算表。

3. 工程量清单的编制

编制工程量清单应依据《13计价规范》和《房屋建筑计算规范》的内容和格式要求进行设计。按表格填写，整理成册（包括封面，扉页，总说明，分部分项工程和单价措施项目清单与计价表，总价措施项目清单与计价表，其他项目清单与计价表，规费、税金项目计价表）。

4. 工程量清单计价书编制

工程投标报价、工程招标控制价两者学生可任选其一。工程量清单计价书的编制应依据《13计价规范》的内容和格式要求进行设计，要求学生按《吉林省建筑工程计价定额》《吉林省装饰工程计价定额》《吉林省建设工程费用定额》并结合工程实际情况，参照工程造价信息网报价。也可以使用计价软件进行综合单价报价，合理取费，完成单位工程造价计算，并填写表格，整理成册〔包括封面，扉页，总说明，工程计价汇总表，分部分项工程和单价措施项目清单与计价表，总价措施项目清单与计价表，其他项目清单与计价表，规费、税金项目计价表，综合单价分析表（每个分部工程只算一项）〕。

（二）课程设计答辩阶段

课程设计答辩由学生陈述和教师提问两个环节组成。学生陈述要求简单说明课程设计的编制方法与步骤；答辩时必须正面回答答辩老师提出的问题。

四、课程设计上交资料及形式

1. 工程量计算表

工程量的计算包括定额和清单两部分，应依据《吉林省建筑工程计价定额》（2019）、《吉林省装饰工程计价定额》（2019）、《房屋建筑计算规范》的规则和样式及《13计价规范》的要求计算。

2. 招标工程量清单

招标工程量清单包括封面，扉页，总说明，分部分项工程和单价措施项目清单与计价表，总价措施项目清单与计价表，其他项目清单与计价表，规费、税金项目计价表。

3. 工程量清单计价书（招标控制价或投标报价表）

工程量清单计价书包括封面，扉页，总说明，工程计价汇总表，分部分项工程和单价措施项目清单与计价表，总价措施项目清单与计价表，其他项目清单与计价表，规费、税金项目计价表，分部分项工程和单价措施项目综合单价分析表。

以上资料需按顺序装订成册上交。

五、课程设计考核方法

1. 答辩

先由学生简述毕业设计如何编制的基本情况，然后老师提问，学生回答。满分30分。

2. 课程设计最后总评成绩评定

总评成绩由平时成绩、成果成绩、答辩成绩三部分组成（比例为 30% ∶ 40% ∶ 30%），最后换算为优、良、中、及格、不及格等级。

（1）平时成绩由教师根据学生在实训期间的表现和完成情况进行综合评价。教师每天给学生打分、汇总。该部分成绩占总成绩的 30%（对于实训期间玩手机、睡觉、抄袭别人成果的同学，该项成绩为零）。

（2）成果成绩占总成绩的 40%（根据学生应提交毕业设计成果评定）。

（3）答辩成绩占总成绩的 30%。

BIM 实训中心实战演习指导书

一、实训具体安排

手算工程量，手填工程量清单、软件套定额，取费，做施工图预算，工程量清单计价，导出打印，装订成册（表 9-1）。

表 9-1　实训内容

日期	实训任务
1	工程量的计算——土方工程、基础工程、地下室
2	工程量的计算——地上钢筋混凝土工程
3	工程量的计算——门窗、墙体
4	工程量的计算——楼地面、屋面
5	工程量的计算——装饰装修
6	施工图预算的编制——套定额、取费、填写编制说明、封面
7	工程量清单的编制
8	工程量清单计价的编制
9	整理、装订成册
10	答辩

二、工程量计算内容

（一）土方工程

（1）平整场地机械。

（2）大开挖土方，挖掘机型号自选。

（3）基础回填土，土、石方回填土夯填。

（4）装载机装运土方，斗容量 1 m³，运距 20 m 以内。

189

（5）自卸汽车运土方，载重量 4 t，运距 5 km 以内。

（二）基础工程

筏板式基础。

（三）砌筑工程（可以分层算，也可以一起算）

（1）外墙。
（2）内墙。
（3）隔墙。

（四）钢筋混凝土工程

（1）剪力墙工程量计算——（基础顶：−0.03 m）
（2）框架柱工程量计算——（基础顶：−0.03 m）
（3）剪力墙工程量计算——（−0.03～9.9 m）
（4）框架柱工程量计算——（−0.03～9.9 m）
（5）−0.03 m 有梁板工程量计算——梁板分开计算，合在一起套定额。
（6）3.270 m 有梁板工程量计算——梁板分开计算，合在一起套定额。
（7）6.570 m 有梁板工程量计算——梁板分开计算，合在一起套定额。
（8）9.900 m 有梁板工程量计算——梁板分开计算，合在一起套定额。
（9）楼梯混凝土工程量。

（五）门窗工程（分层计算）

一层、二层、外墙、内墙分开计算。

（六）楼地面工程

（1）按地面一、地面二，楼面 1、2、3、4，分层计算。
（2）相同的可汇总。
（3）别忘了踢脚线。

（七）楼梯

（1）楼梯底板抹灰。
（2）楼梯装饰。

（八）屋面工程

（1）按屋面 2、3 分开计算，从下向上分层计算。
（2）别忘了落水管、雨水口、雨水斗、弯头。

（九）装饰工程

（1）内墙抹灰。

（2）天棚抹灰。

（3）外墙抹灰。

（4）外墙装饰。

（十）零星工程

（1）散水。

（2）台阶。

（十一）措施项目

（1）脚手架。

（2）模板。

（3）垂直运输。

三、工程量计算顺序、计算规则与公式

（一）建筑工程

1. 平整场地

（1）平整场地就是在土方开挖前，对施工场地高低不平的部位进行平整工作。

（2）平整场地：厚度 ≤ ±0.3 m 的土方就地挖、填、运、找平。

（3）平整场地的工程量清单规则和定额规则是一致的。

（4）计量单位：m²。

（5）按设计图示尺寸以建筑物首层面积计算图纸：看一层平面图。

（6）公式：平整场地 $S = L$（总长）$\times B$（总宽）。

2. 土方大开挖

工程量看基础平面图（结施 -5）。

（1）清单工程量：按设计图示尺寸以垫层底面积乘挖土深度以体积计算。

（2）定额工程量：按设计图示尺寸以基础底面积考虑工作面、放坡系数和挖土深度以天然密实体积计算。

（3）自垫层下表面放坡：

$$V = (a + 2c + kh) \times (b + 2c + kh) \times h + 1/3k^2h^3$$

式中　a——垫层长；

　　　b——垫层宽；

　　　c——工作面；

　　　k——坡度系数；

　　　h——挖土深度。

（4）挖土深度：室外设计地坪。

（5）大开挖土方：按机械98%，人工2%。

3. 满堂基础

工程量看基础平面图（结施 -5）。

图纸按体积计算，公式：长 × 宽 × 高。

4．地下室剪力墙

基础顶：−0.03 m（结施 −6、结施 −7）。

剪力墙工程量计算：按设计图示尺寸以体积计算。

现浇混凝土墙工程量计算公式：

外墙：$V = h$（墙厚）$\times L_{中} \times H$（墙高）$- S$（门窗洞口、0.3 m² 以上的孔洞）

内墙：$V = h$（墙厚）$\times L_{内}$（净长）$\times H$（墙高）$- S$（门窗洞口、0.3 m² 以上的孔洞）

式中　h——墙厚，按设计图纸确定。

　　　L——墙长，外墙按 $L_{中}$，内墙按 $L_{内}$（有柱算至柱侧面）。

　　　H——墙高，从基础上表面算至墙顶。

现浇混凝土楼梯工程量计算规则。

5．地下室框架柱

工程量计算——（基础顶：−0.03 m）

（1）图纸见结施 −6、结施 −7。

（2）柱工程量按设计图示尺寸以体积计算。

柱工程量＝柱断面面积乘以柱高＝a（长）b（宽）H（高）

有梁板的柱高，应自柱基上表面（或楼板上表面）到上一层楼板上表面之间的高度计算。

框架柱的柱高，应自柱基上表面至柱顶高度计算。

6．基础回填土

工程量按体积计算。

基础工程完工后，将槽、坑四周未做基础部分进行回填至室外设计标高。

计算公式：$V = V_{挖土} - V_{室外设计地坪以下被埋设的基础和垫层}$

7．土方运输

工作量按体积计算。

计算公式：运土体积＝挖土体积 − 2 × 回填土体积

填土体积＝基础回填土＋室内回填土＋其他零星回填土

8．−0.03 ～ 9.900 m 剪力墙

图纸见结施 −8、结施 −9。

剪力墙工程量按设计图示尺寸以体积计算。

现浇混凝土墙工程量计算公式：

外墙：$V = h$（墙厚）$\times [L_{中} \times H$（墙高）$- S$（门窗洞口、0.3 m² 以上的孔洞）]

内墙：$V = h$（墙厚）$\times [L_{内}$（净长）$\times H$（墙高）$- S$（门窗洞口、0.3 m² 以上的孔洞）]

式中　h——墙厚，按设计图纸确定。

　　　L——墙长，外墙按 $L_{中}$，内墙按 $L_{内}$（有柱算至柱侧面）。

　　　H——墙高，从基础上表面算至墙顶。

9．−0.03 ～ 9.900 m 柱

图纸见结施 −8、结施 −9。

柱工程量＝柱断面面积乘以柱高＝a（长）b（宽）H（高）

有梁板的柱高，应自柱基上表面（或楼板上表面）到上一层楼板上表面之间的高度计算。

框架柱的柱高，应自柱基上表面至柱顶高度计算。

10. 有梁板

有梁板是带有梁（含主、次梁）并与板构成一体的板，在框架结构中梁板通常一次浇筑成型。

现浇有梁板：板厚 100 mm 以内、板厚 100 mm 以外。

有梁板（包括主、次梁与板）按梁、板体积之和计算。有梁板中梁两侧板厚不同时按两侧各占 1/2 计算。

有梁板混凝土计算公式：

$V_{有梁板}＝V_板＋V_梁＝$ 板长 × 板宽 × 板厚＋梁长 × 梁宽 ×（梁高－板厚）

$V＝$ ［S（现浇板面积）－S（大于 0.3 m^2 孔洞）］×h（板厚）＋V（板下梁）

或 $V＝$ ［S（梁间板净空面积）－S（大于 0.3 m^2 孔洞）］×h（板厚）＋$V_梁$

$V_{主梁及次梁}＝$ 主梁长度 × 主梁宽度 × 肋高＋次梁净长度 × 次梁宽度 × 肋高

（1）标高－0.03 m 有梁板工程量，图纸见结施－10、结施－14。

先算梁，再算板，再相加。

梁工程量＝梁的截面面积 × 梁长＋梁垫体积

（KL1－KL7＋L1－L2）

梁长：主梁、次梁与柱连接时，主梁长算至柱侧面，次梁长算至柱或主梁侧面。伸入墙内的梁头和现浇梁垫，其体积并入梁体积计算。

现浇混凝土楼梯清单工程量计算规则和定额工程量计算规则相同，清单量等于定额量。

板工程量＝板长 × 板宽 × 板厚

（2）标高 3.27 m 有梁板工程量，图纸见结施－11、结施－15。

先算梁，再算板，再相加。

梁工程量＝梁的截面面积 × 梁长＋梁垫体积

（KL1－KL13＋L1－L4）

板工程量＝板长 × 板宽 × 板厚

（3）标高 6.57 m 有梁板工程量，图纸见结施－12、结施－16。

先算梁，再算板，再相加。

梁工程量＝梁的截面面积 × 梁长＋梁垫体积

（KL1－KL13＋L1－L4）

板工程量＝板长 × 板宽 × 板厚

（4）标高 9.9 m 有梁板工程量，图纸见结施－13、结施－17。

先算梁，再算板，再相加。

梁工程量＝梁的截面面积 × 梁长＋梁垫体积

（KL1－KL13＋L1－L4）

板工程量＝板长 × 板宽 × 板厚

11. 整体楼梯

整体楼梯（直形楼梯、弧形楼梯）包括休息平台，平台梁、斜梁及楼梯板的连接梁，按楼梯水平投影面积计算。

图纸见建施 –12、结施 –18。

当整体楼梯与现浇楼板无梯梁连接时，以楼梯的最后一个踏步边缘加 0.3 m 为界计算，独立楼梯间按楼梯间净面积计算，不扣除宽度小于 0.5 m 的楼梯井，伸入墙内部分不另增加。

直形楼梯：

当 $C \leqslant 500$ mm 时，整体楼梯的工程量 $S = BL \times (n-1)$

当 $C > 500$ mm 时，整体楼梯的工程量 $S = (BL - CX) \times (n-1)$

式中　S——楼梯的面积；

$\quad\quad B$——楼梯间净宽；

$\quad\quad L$——楼梯间长度（从外墙里皮至梯梁外侧）；

$\quad\quad X$——楼梯井长度；

$\quad\quad C$——楼梯井宽度；

$\quad\quad n$——建筑物的层数。

12. 门窗

各类门窗制作、安装工程量计算，均按设计图示洞口尺寸以面积计算。

门窗工程量计算公式：门窗工程量＝洞口宽 × 洞口高

门窗工程量计算步骤如下：

（1）看门窗表，了解门窗种类、数量、规格、尺寸。

（2）对照各层平面图，掌握各层中的门窗位置、尺寸。

（3）按门窗不同种类列项计算。

（4）相同的汇总。

13. 框架结构墙体

工程量计算规则如下：

框架间墙：不分内外墙按墙体净尺寸以体积计算。

框架间墙体工程量计算公式：

$$（墙净长 \times 净高－门窗）\times 墙厚－墙内混凝土体积（过梁、压顶）$$
$$墙净长＝轴线长－柱宽$$
$$墙净高＝上下两根框架梁之间宽度$$
$$＝板标高－梁高$$

墙宽：按图纸规定。

框架间墙体工程量应分层计算：

（1）看梁布置图：找到上下两层梁标高，计算墙体净高，上层梁标高－梁高；

（2）看建筑平面图：找到墙所在位置，结合结构梁图，按净高和墙厚的不同分别计算墙体净长；

（3）按净高墙厚不同汇总计算框架间门窗工程量；

（4）把计算完成的数字代入公式，按公式计算框架间墙体工程量。

图纸：地下室墙见建施 -4、结施 -10；

一层墙见建施 -5、结施 -11；

二层墙见建施 -6、结施 -12；

三层墙见建施 -7、结施 -13。

14. 屋面

图纸见建施 -1、建施 -8。

一般屋面基层以上有找坡层、隔气层、保温层、找平层、防水层、隔热层等构造层次，宜分别按各结构层的不同做法列项，从下向上分层次逐层计算，使用时按设计做法分别套用定额。

屋面各层次工程量计算规则如下：

（1）找平层按屋面面积以平方米计算。

（2）隔气层按屋面面积以平方米计算。

（3）保温、隔热层应区别不同保温、隔热材料，除另有规定者外，均按设计实铺厚度以体积计算。

公式：屋面面积 × 设计实铺厚度

屋面、天棚保温隔热层的厚度按隔热材料（不包括胶结材料）净厚度计算。

（4）屋面找坡层按设计图示面积乘以平均厚度，以立方米计算。不扣除房上烟囱、风帽底座、风道和屋面小气窗等所占体积。

公式：屋面面积 × 找坡层平均厚度＝设计长度 × 设计宽度 × 平均厚度

屋面找坡层平均厚度＝（屋面宽度 /2× 坡度系数）÷2 ＋最薄处厚度

（5）二次找平和防水层工程量等于屋面水平投影面积与女儿墙弯起部分面积之和。屋面的女儿墙、伸缩缝和天窗等处的弯起部分，按设计图示尺寸并入屋面工程量内计算；设计无规定时，伸缩缝、女儿墙的弯起部分按 250 mm 计算。

公式：女儿墙弯起部分面积＝女儿墙内周长 × 弯起部分高度

（6）屋面排水：PVC 落水管区别不同直径按设计图示尺寸以长度计算，如设计未标注尺寸，以檐口至设计室外散水上表面垂直距离计算，管件所占位置不扣除。

管件以个计算；雨水口、水斗、弯头以个计算。

（二）装饰工程

1. 楼地面

（1）水泥砂浆楼地面——地下室储藏间。整体楼地面各层次工程量的计算步骤如下：

1）在图纸中，建筑设计说明中或室内装修做法表中找到建筑物各房间的楼地面构成；

2）结合各层平面图、剖面图和节点详图找到需要的尺寸数据；

3）根据工程量计算规则和公式分类型、分层次计算工程量。

80 mm 厚混凝土垫层按体积计算；20 mm 厚 1∶3 水泥砂浆按面积计算。

（2）楼地面——地砖、防滑地砖楼地面。

块料面层按设计图示尺寸以面积计算。门洞、空圈、暖气包槽、壁龛的开口部分并入相应的工程量。

块料面层通常等于实铺面积。应扣除地面上各种建筑配件所占面层面积。并入门洞、空圈、暖气包槽、壁龛的开口部分的工程量。

计算公式＝实铺面积

（3）踢脚线工程量的计算规则。

1）水泥砂浆踢脚线以延长米计算，不扣除门窗洞口及空圈长度，但门洞、空圈和垛的侧壁也不增加。

2）石材踢脚线、块料踢脚线、现浇水磨石踢脚线、塑料板踢脚线、木质踢脚线、金属踢脚线、防静电踢脚线按长度乘高度以面积计算，扣除门口，增加侧壁。

3）成品踢脚线以延长米计算，扣除门口，增加侧壁。

（4）楼梯装饰按设计图示尺寸以楼梯（包括踏步、休息平台及 500 mm 以内楼梯井）水平投影面积计算。楼梯与楼地面相连时，算至梯口梁内侧边沿；无梯口梁者，算至最上一层踏步边沿加 300 mm。

（5）扶手、栏杆、栏板装饰工程量按设计图示尺寸以扶手中心线长度（包括弯头长度）按延长米计算。按楼梯扶手斜长的水平投影长度乘以系数 1.15 计算。

2. 内墙装饰

工程量按内墙净长度乘以墙面的抹灰高度以面积计算。

扣除墙裙、门窗洞口及单个面积 > 0.3 m^2 的孔洞，不扣除明踢脚线、挂镜线和墙与构件交接处的面积，门窗洞口和孔洞的侧壁及顶面不增加面积。附墙柱、梁、垛、烟囱侧壁并入相应的墙面面积。

内墙面抹灰包括外墙内侧和内墙两侧。

计算公式：内墙面抹灰 $= [(2L_内 -$ 内墙交接处 $\times$ 内墙厚 $) + (L_外 - 8 \times$ 外墙厚 $-$ 内外墙交接处 $\times$ 内墙厚 $)] \times H - S_{门窗洞口} +$ 垛、梁、柱的侧面抹灰面积

也可以分房间计算＝一个房间周长 $\times$ 高度 $-$ 门窗面积 $+$ 垛面积

高度确定如下：

（1）无墙裙的，高度按室内楼地面至天棚底面计算；

（2）有墙裙的，高度按墙裙顶至天棚底面计算；

（3）有吊顶的天棚抹灰，高度算至天棚底。

3. 天棚工程

（1）顶层抹灰面积，按设计图示尺寸以水平投影面积计算。不扣除间隔墙、垛、柱、附墙烟囱、检查口和管道所占的面积，带梁天棚的梁两侧抹灰面积并入天棚面积，板式楼梯底面抹灰按斜面积计算，锯齿形楼梯底板抹灰按展开面积计算。

（2）天棚吊顶，按设计图示尺寸以水平投影面积计算。天棚面中的灯槽及跌级天棚面积不展开计算。不扣除间壁墙、检查口、附墙烟囱和管道所占的面积；不扣除单个面积 $\leqslant 0.3$ m^2 的孔洞、独立柱及与天棚相连的窗帘盒所占的面积。

（3）天棚工程量的计算公式：

天棚抹灰工程量＝主墙间的净长度 $\times$ 主墙间的净宽度 $+$ 梁侧面面积

装饰线工程量 $= \sum$（房间净长度 $+$ 房间净宽度）$\times 2$

天棚吊顶工程量＝主墙间的净长度 $\times$ 主墙间的净宽度

4. 外墙装饰

（1）外墙一般抹灰面积，按外墙面的垂直投影面积以"平方米"计算。

应扣除门窗洞口、外墙裙和面积大于 $0.3\ \mathrm{m}^2$ 的孔洞所占面积。

洞口侧壁，面积不另增加。

附墙垛、梁、柱、侧面抹灰面积并入外墙抹灰工程量计算。栏板、栏杆、窗台线、门窗套、扶手、压顶、挑檐、遮阳板、突出墙外的腰线等，另按相应规定计算。

计算公式：外墙面抹灰 $=L_外\times H-S_{门窗}-S_{外墙裙}+S_{垛梁柱的侧面}$

（2）干挂石材按实铺面积计算。

5．散水

散水分层次从下向上依次计算：面层按面积计算。

散水面层按面积计算：

$$S=(L_外+4\times 散水宽-台阶长)\times 散水宽$$

6．台阶

台阶按水平投影面积计算（首层面积）。

（三）措施项目

1．综合脚手架

凡能计算建筑面积的混合结构、框架结构建筑工程均计算综合脚手架工程量。

建筑物地上部分综合脚手架按单层建筑物檐高和多高层建筑物层数执行定额，工程量按地上部分建筑面积之和计算。

地下室综合脚手架工程量按地下室建筑面积之和计算。

建筑面积按建筑面积计算规则计算。

2．建筑物垂直运输费

建筑物地上部分垂直运输按不同层数执行定额，工程量按地上部分建筑面积之和计算。地下室垂直运输按不同层数以地下室建筑面积之和计算。

建筑面积按建筑面积计算规则计算。

3．模板工程

模板工程工程量按混凝土体积计算。

四、工程预算书的编制

（1）打开广联达云计价软件 GCCP5.0→定额计价→新建单位工程→填工程名称、工程类别→确定→进入软件。

（2）按计算的工程量依次套取定额→按工程图纸进行标准换算→载入市场价→甲供材料表→暂估价→填写编制说明→封面→导出 Excel→打印。

五、工程量清单计价

（1）打开广联达云计价软件 GCCP5.0→清单计价→新建单位工程→填工程名称、工程类别→确定→进入软件。

（2）按清单工程量逐项输入分部分项工程量清单→填写工程量→按图纸和工程实际填写项目特征。

同时套取定额并换算→整理清单。

（3）打开措施项目→填写单价措施项目清单→套取定额报价。

（4）打开其他项目→编制其他项目清单→暂列金额→暂估价→计日工→逐项填写并报价。

（5）在人、材、机汇总栏进行市场价载入→甲供材料→材料暂估价的修改。

（6）填写工程概况→编制说明→封面→扉页→导出 Excel →导出一份招标方工程量清单→导出一份招标控制价。

也可调价后导出投标方投标报价。

六、课程设计上交资料顺序及形式

（1）封面，成绩考核表。

（2）工程预算书（打印）：包括封面、编制说明、取费表、工程预算书等。

（3）招标工程量清单（手写）：包括封面，扉页，总说明，分部分项工程和单价措施项目清单与计价表，总价措施项目清单与计价表，其他项目清单与计价表，暂列金额，专业工程暂估价，计日工表，规费、税金项目计价表。

（4）工程量清单计价书（打印）：招标控制价或投标报价表包括封面，扉页，总说明，工程计价汇总表，分部分项工程和单价措施项目清单与计价表，总价措施项目清单与计价表，其他项目清单与计价表，规费、税金项目计价表，分部分项工程和单价措施项目综合单价分析表。

（5）工程量计算表 15 页、综合单价分析表 5 页手写内容附在最后。

以上资料需按顺序装订成册上交。成果全部完成进入答辩。

小贴士

这一段我们完成了 BIM 实训中心的招标投标演习，招标投标是市场经济的产物，我们来谈谈社会主义市场经济体制。

社会主义市场经济体制是我国改革开放的伟大创造，已成为社会主义基本经济制度的重要组成部分。党的二十大报告着眼全面建设社会主义现代化国家的历史任务，做出"构建高水平社会主义市场经济体制"的战略部署，明确了新举措、新要求。我们要深入学习贯彻习近平经济思想，完整、准确、全面贯彻新发展理念，坚定不移地深化改革、扩大开放，构建更加系统完备、更加成熟定型的高水平社会主义市场经济体制，为加快构建新发展格局、着力推动高质量发展提供强有力的制度保障。在高质量发展中扎实推动全体人民共同富裕。通过有效市场和有为政府更好结合，彰显社会主义制度优越性，以中国式现代化全面推进中华民族伟大复兴。

《建筑工程计量与计价》课程设计

（BIM 实训中心）

工程名称：

专　　业：

班　　级：

姓　　名：

学　　号：

指导教师：

完成日期：

建筑工程计量与计价课程设计实训成绩评定表

学生姓名		性别		学号		专业班级	
工程名称						课程类型	
实训时间	_____年____月____日—____月___日共___周						
实训 完成情况	工程量计算表_____ 工程量清单_____，招标控制价_____						

项目	内容		分数	总成绩
成绩评定	平时（20%）	出勤、纪律、学习态度、按时完成设计任务情况等		
	工程量计算书（20%）	计算书内容是否齐全，计算方法是否合理、计算结果是否准确		
	工程量清单（20%）	工程量清单列项是否齐全，项目特征描述是否正确		
	招标控制价（10%）	招标控制价组价是否合理，计算是否准确		
	答辩情况（30%）	基础理论及专业知识掌握情况；独立完成作业的能力		
评语				
签字	指导教师（签字）_____ 年　月　日			

工程量计算表

序号	项目名称	单位	计算式	工程量

工程量计算表

序号	项目名称	单位	计算式	工程量

工程量计算表

序号	项目名称	单位	计算式	工程量

工程量计算表

序号	项目名称	单位	计算式	工程量

工程量计算表

序号	项目名称	单位	计算式	工程量

工程量计算表

序号	项目名称	单位	计算式	工程量

工程量计算表

序号	项目名称	单位	计算式	工程量

工程量计算表

序号	项目名称	单位	计算式	工程量

工程量计算表

序号	项目名称	单位	计算式	工程量

工程量计算表

序号	项目名称	单位	计算式	工程量

工程量计算表

序号	项目名称	单位	计算式	工程量

工程量计算表

序号	项目名称	单位	计算式	工程量

工程量计算表

序号	项目名称	单位	计算式	工程量

_____工程

招标工程量清单

招　标　人：_____

（单位盖章）

造价咨询人：_____

（单位盖章）

年　　月　　日

总说明

工程名称：

表 –01

215

分部分项工程和单价措施项目清单与计价表

工程名称：　　　　　　　　　　　标段：　　　　　　　　　第 页 共 页

序号	项目编码	项目名称	项目特征描述	计量单位	工程量	金额 / 元		
						综合单价	合价	其中
								暂估价
	本页小计							
	合计							

表 -08

分部分项工程和单价措施项目清单与计价表

工程名称：　　　　　　　　　　　　　　　　标段：　　　　　　　　　　　　第 页 共 页

序号	项目编码	项目名称	项目特征描述	计量单位	工程量	金额／元		
						综合单价	合价	其中
								暂估价
本页小计								
合计								

表-08

分部分项工程和单价措施项目清单与计价表

工程名称：　　　　　　　　　　　标段：　　　　　　　　　　第　页　共　页

序号	项目编码	项目名称	项目特征描述	计量单位	工程量	金额／元		
						综合单价	合价	其中
								暂估价
		本页小计						
		合计						

表－08

分部分项工程和单价措施项目清单与计价表

工程名称：　　　　　　　　　　　　标段：　　　　　　　　　　第　页　共　页

序号	项目编码	项目名称	项目特征描述	计量单位	工程量	金额／元			
						综合单价	合价	其中
								暂估价
本页小计								
合计								

表-08

分部分项工程和单价措施项目清单与计价表

序号	项目编码	项目名称	项目特征描述	计量单位	工程量	金额/元		
						综合单价	合价	其中
								暂估价
本页小计								
合计								

表 –08

220

分部分项工程和单价措施项目清单与计价表

工程名称：　　　　　　　　　　　　　标段：　　　　　　　　　　第　页　共　页

序号	项目编码	项目名称	项目特征描述	计量单位	工程量	金额／元		
						综合单价	合价	其中
								暂估价
本页小计								
合计								

表-08

总价措施项目清单与计价表

工程名称：　　　　　　　　　标段：　　　　　　　　第　页　共　页

序号	项目编码	项目名称	计算基础	费率/%	金额/元	调整费率/%	调整后金额/元	备注
		安全文明施工费						
		夜间施工增加费						
		二次搬运费						
		冬雨季施工增加费						
		已完工程及设备保护费						
		合计						
编制人（造价人员）				复核人（造价工程师）				

注：1."计算基础"中安全文明施工费可为"定额基价""定额人工费"或"定额人工费＋定额机械费"，其他项目可为"定额人工费"或"定额人工费＋定额机械费"。

2.按施工方案计算的措施费，若无"计算基础"和"费率"的数值，也可只填"金额"数值，但应在备注栏说明施工方案出处或计算方法

表–11

222

其他项目清单与计价汇总表

工程名称：   标段：   第 页 共 页

序号	项目名称	金额/元	结算金额/元	备注
1	暂列金额			
2	暂估价			
2.1	材料（工程设备）暂估价			
2.2	专业工程暂估价			
3	计日工			
4	总承包服务费			
5	索赔与现场签证			
	合计			

注：材料（工程设备）暂估单价进入清单项目综合单价，此处不汇总

表-12

暂列金额明细表

工程名称：　　　　　　　　　　　　　标段：　　　　　　　　　第　页　共　页

序号	项目名称	计量单位	暂定金额／元	备注
合计				

注：此表由招标人填写，如不能详列，也可只列暂定金额总额，投标人应将上述暂列金额计入投标总价中

表 –12–1

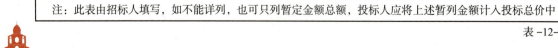

224

材料（工程设备）暂估单价及调整表

工程名称：　　　　　　　　　　　　标段：　　　　　　　　　　第　页　共　页

序号	材料（工程设备）名称、规格、型号	计量单位	数量		暂估/元		确认/元		差额±/元		备注
			暂估	确认	单价	合价	单价	合价	单价	合价	
	合计										

注：此表由招标人填写"暂估单价"，并在备注栏说明暂估价的材料、工程设备拟用在哪些清单项目上，投标人应将上述材料、工程设备暂估单价计入工程量清单综合单价报价中

表－12-2

专业工程暂估价及结算价表

工程名称：　　　　　　　　　　　标段：　　　　　　　　　　第　页　共　页

序号	工程名称	工程内容	暂估金额/元	结算金额/元	差额 ±/元	备注
合计						

注：此表"暂估金额"由招标人填写，投标人应将"暂估金额"计入投标总价。结算时按合同约定结算金额填写

表 -12-3

计日工表

工程名称：　　　　　　　　　　　　　　标段：　　　　　　　　　　第　页　共　页

编号	项目名称	单位	暂定数量	实际数量	综合单价/元	合价	
						暂定	实际
一	人工						
人工小计							
二	材料						
			.				
材料小计							
三	施工机械						
施工机械小计							
四、企业管理费和利润							
总计							

注：此表项目名称、暂定数量由招标人填写，编制招标控制价时，单价由招标人按有关计价规定确定；投标时，单价由投标人自主报价，按暂定数量计算合价计入投标总价中。结算时，按发承包双方确认的实际数量计算合价

总承包服务费计价表

工程名称：   标段：   第 页 共 页

序号	项目名称	项目价值/元	服务内容	计算基础	费率/%	金额/元
合计						

注：此表项目名称、服务内容由招标人填写，编制招标控制价时，费率及金额由招标人按有关计价规定确定；投标时，费率及金额由投标人自主报价，计入投标总价

表 –12–5

228

规费、税金项目计价表

工程名称：　　　　　　　　　　　　　　标段：　　　　　　　　　　　　　　第　页　共　页

序号	项目名称	计算基础	计算基数	计算费率 / %	金额 / 元
合计					
编制人（造价人员）		复核人（造价工程师）			

表 -13

参 考 文 献

［1］中华人民共和国住房和城乡建设部，中华人民共和国质量监督检验检疫总局. GB 50500—2013 建设工程工程量清单计价规范［S］. 北京：中国计划出版社，2013.

［2］中华人民共和国住房和城乡建设部. GB 50804—2013 房屋建筑与装饰工程工程量计算规范［S］. 北京：中国计划出版社，2013.

［3］冯维，刘杰，雷梓玄. JLJD—JZ—2019 吉林省建筑工程计价定额［S］. 长春：吉林人民出版社，2018.

［4］雷梓玄，陈晓梅，晏华. JLJD—ZS—2019 吉林省装饰工程计价定额［S］. 长春：吉林人民出版社，2018.

［5］夏淑萍，孙禹，董娜娜. JLJD—FY—2019 吉林省建设工程费用定额［S］. 长春：吉林人民出版社，2018.

［6］王全杰，马文姝，鲍春一乐. 建筑工程计量与计价实训教程（吉林版）［M］. 重庆：重庆大学出版社，2015.